国家社会科学基金青年项目（14CZX047）资助

国 | 研 | 文 | 库

优化与退化
土家族伦理文化现代变迁研究

周忠华 —— 著

光明日报出版社

图书在版编目（CIP）数据

优化与退化：土家族伦理文化现代变迁研究 ／ 周忠
华著 . -- 北京：光明日报出版社，2021.5
ISBN 978 - 7 - 5194 - 5943 - 7

Ⅰ.①优… Ⅱ.①周… Ⅲ.①土家族—伦理学—文化
史—研究—中国 Ⅳ.①B82-092

中国版本图书馆 CIP 数据核字（2021）第 066817 号

优化与退化：土家族伦理文化现代变迁研究
YOUHUA YU TUIHUA：TUJIAZU LUNLI WENHUA XIANDAI BIANQIAN YANJIU

著　　者：周忠华	
责任编辑：黄　莺	责任校对：傅泉泽
封面设计：中联华文	责任印制：曹　净

出版发行：光明日报出版社

地　　址：北京市西城区永安路 106 号，100050

电　　话：010 - 63169890（咨询），63131930（邮购）

传　　真：010 - 63131930

网　　址：http：// book. gmw. cn

E - mail：huangying@ gmw. cn

法律顾问：北京德恒律师事务所龚柳方律师

印　　刷：三河市华东印刷有限公司

装　　订：三河市华东印刷有限公司

本书如有破损、缺页、装订错误，请与本社联系调换，电话：010 - 63131930

开　　本：170mm×240mm	
字　　数：214 千字	印　　张：16
版　　次：2021 年 5 月第 1 版	印　　次：2021 年 5 月第 1 次印刷
书　　号：ISBN 978 - 7 - 5194 - 5943 - 7	
定　　价：95.00 元	

目 录
CONTENTS

导　论

一、研究缘起

目前学界对民族伦理文化变迁研究，已从早期进化学派、传播学派，中期经验—功能学派、历史学派、结构主义、象征主义等，发展到文化适应理论、文化再生产理论等。这些理论观点各有所长，但其解释力又各有其短。从马克思主义的立场、观点与方法来看，民族伦理文化的变迁是伴随社会的结构转型而发生的，也就是说，民族伦理文化的变迁是由社会经济结构的转型、生产方式的转变决定的。所有制关系的确立，以及由此直接造成人们的生产方式、生活方式与思维方式的根本性变化，是决定民族伦理文化变迁的最为深刻的根由，而与他族伦理文化发生交互作用，则进一步助长和推动了该民族伦理文化变迁的速度、广度与深度。虽说民族伦理文化的变迁是由社会经济结构的转型、生产方式的转变决定的，但并不意味着民族伦理文化就是所有制关系、生产方式的附属物。民族伦理文化作为社会意识形态具有自己的相对独立性和能动作用。也就是说，民族伦理文化的变迁并不是社会经济结构转型、生产方式转变的某种"后发效应"。

一般而言，生产方式与生活方式由"传统的"被置换为"全新的"过程，就是原初态的民族伦理文化被解构而又重构的过程。说其被解构，是因为在由新的生产方式与生活方式带来的新民族伦理文化因素冲击下，原初态的民族伦理文化逐渐失去赖以存在的母体，被敲打为文化碎片；说其被重构，是因为原初态的民族伦理文化在被敲打为文化碎片时，一方面新民族伦理文化因素不断产生或是他族的被吸纳，另一方面通过有着不一样文化想象的主体（包括官员、文化精英、普通成员等）共同整合已碎片化了的民族伦理文化，使其再具象化、再实质化，重构出"当下"所能看到的民族伦理文化。

但民族伦理文化的历史变迁又有特殊性，因此，不能用文化的历史变迁之"共相"来遮蔽民族伦理文化的历史变迁之"殊相"。章太炎在《俱分进化论》一文中指出：

> 进化之所以为进化，非由一方直进，而必须由双方并进。……若以道德言，则善亦进化，恶亦进化；若以生计言，则乐亦进化，苦亦进化。双方并进，如影之随形，罔两之逐影。①

在这里，若只就"俱分进化"的方法论意义而言，即仅仅把"俱分进化"作为一种思考问题的方法而言，人们可以看到章太炎"俱分进化"思想的积极意义，既没有在独断论意义上看待进化，也没有将逻辑上的进化与事实上的变迁混为一谈②，更没有直线进化论的单向思维，而是以"俱分"思维看待道德观念、社会生活的变迁沿革，认为道德观念、社会生活的变迁并非只有一个方向，也并非只有一种可能。梁启超也认为事物的变迁并非"皆由简而进于繁，由质而进于文，由恶而进于善"③，而是"或尺进而寸退，或大涨而小落"④。也就是说，

---

① 章太炎.章太炎全集：第四卷［M］.上海：上海人民出版社，1985：258.
② 贺麟.道德进化问题［J］.清华大学学报（自然科学版），1934（1）：159－182.
③ 梁启超.饮冰室合集：文集之二［M］.上海：中华书局有限公司，1936：1.
④ 梁启超.饮冰室合集：文集之九［M］.上海：中华书局有限公司，1936：7.

包括伦理文化在内的一切事物，都有"或进、或退、或涨、或落"的状况。最早引进进化论的严复也揭示了善恶"同域并居"现象，他说：

> 夫背苦而向乐者，人情之大常也；好善而恶恶者，人性所同具也。顾境之至也，苦乐未尝不并居；功之呈也，善恶未尝不同域。方其言乐，而苦已随之；方其为善，而恶已形焉。①

这种"俱分进化"思维，对于把握伦理文化变迁之复杂是十分有益的，因为人们既能系统地揭示伦理文化变迁过程中矛盾双方相互交错的复杂性，又能清晰地看到伦理文化变迁的辩证性。

事实上，与变动不居的人类社会生活相适应，伦理文化的变化性是绝对的，世界上不存在着作为终极价值观念的伦理文化。但是，伦理文化的变迁不是线性进化，不仅善恶双方并进，而且"优胜劣汰"也要符合道义；伦理文化的变迁也不是伦理文化的"进步"，事物的"每一进化同时又是退化，因为它巩固一个方面的发展，排除其他许多方面的发展的可能性"②；伦理文化的变迁更不是代嬗变迁，尽管伦理文化有继替性，即成熟的伦理文化形成之后，其变迁发展过程呈现出代有所盛、代有所嬗的阶段性特征和前后代继替的现象。按照马克思主义的观点来看，伦理文化的变迁不仅与变动不居的人类社会生活相适应，而且是辩证的。正如恩格斯所说的：

> 善恶观念从一个民族到另一个民族、从一个时代到另一个时代

---

① 严复．严复集：第五卷［M］．北京：中华书局，1986：1241．

② 马克思，恩格斯．马克思恩格斯全集：第二十卷［M］．北京：人民出版社，1971：652．

变更得这样厉害，以至它们常常是互相直接矛盾的。①

具言之：

就伦理文化变迁的属性而言，其表现为四种样式：第一，原初即为先进的伦理文化在其历史变迁过程中演化为一种落后的伦理文化，即先进伦理文化→落后伦理文化；第二，原初即为落后的伦理文化在其历史变迁过程中演化为一种先进的伦理文化，即落后伦理文化→先进伦理文化；第三，原初即为先进的或是落后的伦理文化在其历史变迁过程中演化为一种较为中性的伦理文化，即先进（或落后）伦理文化→中性伦理文化；第四，原初即为中性的伦理文化在其历史变迁过程中演化为一种先进的或是落后的伦理文化，即中性伦理文化→先进（或落后）伦理文化。

就伦理文化变迁的程度而言，也表现为四种样式：第一，原初即为非常先进的伦理文化在其历史变迁过程中演化成一种比较先进的伦理文化，即非常先进的伦理文化→比较先进的伦理文化；第二，原初即为比较先进的伦理文化在其历史变迁过程中演化成一种非常先进的伦理文化，即比较先进的伦理文化→非常先进的伦理文化；第三，原初即为非常落后的伦理文化在其历史变迁过程中演化成一种比较落后的伦理文化，即非常落后的伦理文化→比较落后的伦理文化；第四，原初即为比较落后的伦理文化在其历史变迁过程中演化成一种非常落后的伦理文化，即比较落后的伦理文化→非常落后的伦理文化。

就伦理文化变迁的质量而言，同样表现为四种样式：第一，原初即为非常先进的伦理文化在其历史变迁过程中演化成一种比较落后的伦理文化，即非常先进的伦理文化→比较落后的伦理文化；第二，原初即为

---

① 马克思，恩格斯. 马克思恩格斯选集：第三卷［M］. 北京：人民出版社，1995：434.

非常落后的伦理文化在其历史变迁过程中演化成一种比较先进的伦理文化，即非常落后的伦理文化→比较先进的伦理文化；第三，原初即为比较落后的伦理文化在其历史变迁过程中演化成一种非常先进的伦理文化，即比较落后的伦理文化→非常先进的伦理文化；第四，原初即为比较先进的伦理文化在其历史变迁过程中演化成一种非常落后的伦理文化，即比较先进的伦理文化→非常落后的伦理文化。

由此可见，伦理文化的历史变迁是"俱分进化"的，而且"俱分进化"是客观存在的。不过有一点需要说明，虽然分析过程中使用了"原初是什么，然后演化成什么"的话语，但并不意味着分析着重强调实体性的理解而忽视了价值性的理解。任何一种伦理文化都不能被简单地认为是已经瓜熟蒂落的东西，而应当看成是一个复杂且鲜活的生命体，人们需要用一种辩证的思维去体认、理解"俱分进化"。只有先做了描述性分析，然后才有判断性分析。

二、研究综述

随着中华民族共同精神家园问题研究的拓展与深入，少数民族伦理文化研究不仅要成为热点学术问题，而且要成为学术热点问题，逐渐形成从学术边缘走向学术中心之势。全面、系统地整理与总结少数民族伦理文化研究之成果，科学、客观地评价与判断少数民族伦理文化研究之得失，这无疑是进一步开展少数民族伦理文化研究所进行的"清理地基"的工作。具体论及土家族伦理文化的，内容如下。

（一）经济伦理文化

土家族世世代代在艰苦恶劣的自然环境中奋斗不息，养成了崇尚俭朴、艰苦奋斗的精神和优良品质①。土家族人重积蓄、节约，积累所得主要不是用来发展生产，而是进行炫耀性的浪费。在生产力水平低下、人们生活困难的情况下，这种"穷大方"的"争名誉""比排场"的搞法，过多地耗费了不太丰富的社会财富，制约了扩大再生产的进行，严重影响了人民的生活，阻碍了社会经济的发展。②　对炫耀性的浪费，张诗蒂教授通过对重庆石柱县的调研，发现百姓的消费已经从商品消费演变为符号消费，目的是通过这样的炫耀性消费，赢得别人的尊重和获取消费以外的意义和价值③。而杨铭华认为改革开放打破了民族特有的传统文化心理，土家族勤劳勇敢的精神得到发扬，忽视智力投资的传统习惯正在改变，过去那种"种田全凭一双手、何必进校把书读"，停留在出大力、流大汗的体力支出上的勤劳，开始向治穷脱贫开发活动发展④。

（二）政治伦理文化

历史上，重庆酉阳冉氏、秀山杨氏和石柱马氏、陈氏和冉氏等土家族土司由于历史渊源、文教引导和职位诱惑等原因而表现出极强的国家意识，积极认同元、明、清等朝代所代表的国家正统，是中央政府在民族地区的政治代表，有力维护了土司时期重庆土家族地区的政治稳定，促进了社会、经济和文化的发展，巩固了民族团结和繁荣的大局，成为中华民族"多元一体"进程不应分割的部分。⑤　土司借助中央政权来进

①　李资源. 论少数民族优秀传统文化与社会主义精神文明建设［J］. 贵州民族研究，1997（04）：94 – 99.
②　彭官章. 土家族传统文化与现代化进程的冲突及其协调发展研究［J］. 民族论坛，1989（04）：58 – 63.
③　张诗蒂. 土家民族文化再造探析——以重庆石柱土家文化为例［J］. 当代传播，2013（03）：52 – 55.
④　杨铭华. 当代湘西青年文化取向［J］. 青年研究，1988（10）：6 – 11.
⑤　彭福荣. 重庆土家族土司国家认同原因与政治归附［J］. 湖北民族学院学报（哲学社会科学版），2012（04）：5 – 9.

行身份认定，从而确立自己权力的合法性，提高其统治权威，但是身份职权的确立又加强了土司对国家的认同，同时，以文化认同加深国家认同。① 新识别土家族虽然获得了少数民族身份，但并未强化其文化认同，故而，对中华民族认同的强烈程度普遍高于对本民族的认同②。但殷红敏从贵州土家族村落成员对国家层面政治体系的政治认知、政治情感、政治评价、政治态度和参与行为等维度，对其认同状况进行分析，认为土家族村落成员的政治认知介于"茫然无知"与"理性无知"之间，政治情感表现为自在的国家情结，政治评价只是一种简单理性的表达。③

关于执政道德。老司城"德政碑"碑文充分反映了湘西土司在其区域性执政过程中所形成的执政道德主要有安全与秩序、公共利益至上、忠诚等基本范畴。这些民族区域性的执政道德对弘扬土家族优秀的道德传统、用道德力量感化周边他族自利选择的行为，以及促进中央与地方道德融合等方面产生了积极的影响，引领湘西土家族的道德生活逐步走向文明发展大道。④ 其实，明清时期武陵地区土司非常注重在司内推崇"仁、义、礼、智、信"精神，他们希望以此提高土官与土民的忠孝观念。⑤ 但是，土司之间也有纷争。明清时期土家族土司争袭本为土司家族内部之斗争，但随着矛盾的加剧和仇杀规模的扩大，争袭双方或请援于舅党，或借兵于他方，往往使仇杀不断由土司家族内部扩展到

---

① 田光辉，田敏. 湘西永顺土司的社会治理与国家认同 [J]. 学术界，2016（01）：208 - 218，327 - 328.

② 唐胡浩. 社会变迁中的民族认同研究——以来凤县土家族为例 [D]. 武汉：中南民族大学，2007.

③ 殷红敏. 民族村落社区视角的贵州土家族政治认同研究 [J]. 贵州民族研究，2013（06）：13 - 16.

④ 彭继红，向汉庆. 从老司城"德政碑"看湘西土司执政道德的引领作用 [J]. 伦理学研究，2014（05）：33 - 36.

⑤ 赵秀丽. 明清时期武陵地区土司与下属交往策略：以容美田氏为例 [J]. 西南民族大学学报（人文社会科学版），2015（03）：11 - 15.

毗邻土司，各种矛盾与仇隙扭结错杂，使仇杀不断升级，给土民带来沉重灾难。①

关于民族团结。鲜于煌通过分析民间故事《彭秀才坐县》，认为土家族人在经济生活中主张各民族之间应互通有无、互相补充，而不应该互相封锁或互相敌视；通过分析《秦良玉的传说》，认为土家族人在婚姻关系上要求打破带民族偏见的"蛮汉不通婚"的惯例和禁令，以实现各族男女青年自由婚配的愿望；通过分析《二酉藏书》的故事，认为土家族人敢于挺身而出保护古代文化典籍，为繁荣祖国的文化做出了积极的贡献；通过分析《过"赶年"》和《蛮王洞》的故事，认为土家族人敢于抛开狭隘的民族主义，大胆支持汉族人民或其他民族人民的正义行动。这些故事表现出了土家族民族大团结、大融合的博大胸怀和光辉思想。②

关于爱国情怀。历史上永顺土司协助国家平息叛乱、抵抗外敌各次战功，认为土家族人在维护国家统一和中华民族整体利益上做出了巨大贡献。③黄玉华从历史活动和民俗活动两个方面探讨了恩施土家族人民团结统一、同仇敌忾的爱国情怀，认为恩施土家族人民的爱国主义情怀充分体现了当下社会主义核心价值体系的内在要求，贯穿在恩施地区各民族人民的生活之中，不仅在当时具有社会约束力的作用，而且在当代也极具重要的理论和现实意义④。其实由明代皇帝、"客家"知识精英、"客家"官员与土司及其代办和土舍分别书写的块金石碑刻的内容，认

---

① 莫代山.明清时期土家族土司争袭研究［J］.贵州社会科学，2009（06）：127－132.

② 鲜于煌.土家族民间故事中"民族大团结"思想［J］.西南民族学院学报（哲学社会科学版），1999（05）：52－55，65.

③ 田光辉，田敏.湘西永顺土司的社会治理与国家认同［J］.学术界，2016（01）：208－218，327－328.

④ 黄玉华.武陵山片区少数民族优秀传统道德与社会主义核心价值体系建设研究——以湖北恩施土家族苗族自治州为例［J］.改革与开放，2014（11）：36－37.

为明代土司观念包括孝忠礼恕的道德内容、勇勤仁工严至重的政治内容和厚薄的经济内容，情感包括争第一和将政事处理寄情于山水之中的价值感，意象为"列圣相承""声教所暨""循礼制"。这显然是中华传统的观念、情感与意象，它们共同构成了明早期的"中华情结"。① 此外，曾超认为"赶年"是土家族人爱国精神的重要象征，明朝石柱女宣慰使秦良玉是古代土家族忠勇爱国的典范之一；而到新民主主义革命时期，土家族人民的爱国精神又增加了新的时代特征，即为创建新中国而奋斗。②

（三）族际伦理文化

关于族群性认同。土家族为争取和占有相关的生计资源，建构了和不断强化着族群、家族、村寨等不同层次的认同和区分，但总的趋势是由血缘性、地缘性认同向国家认同的方向发展。③ 历史上"互为他者"的民族关系处境也逐渐被现代"多元一体"的区域性民族关系格局所取代，民族的地域认同与国家认同也将得到进一步的提升。④ 特别是原生民族认同要素（共同心理、语言、文化、风俗、宗教及共同地域等）特性在减弱，国家话语体系影响的现代性在上升，在复杂的内外因交织作用下，土家族国家认同在一定程度上表现出增强的趋势。⑤

关于族际通婚。汪明瑀教授于 1953 年在当时湘西土家族分布最为

---

① 成臻铭. 武陵山片区明代金石碑刻所见土家族土司的"中华情结"[J]. 青海民族研究，2013，24（01）：126 – 138.

② 曾超. 土家族传统文化与社会主义和谐社会构建 [J]. 中南民族大学学报（人文社会科学版），2008（02）：46 – 49.

③ 陈心林. 南部方言土家族族群性研究——以武水流域一个土家族社区为例 [D]. 北京：中央民族大学，2006.

④ 陈沛照，向琼. 互动中的认同：一个多民族社区的民族关系研究 [J]. 贵州民族研究，2015（02）：9 – 15.

⑤ 唐胡浩. 土家族民族认同发展趋势及其功能略论 [J]. 湖北民族学院学报（哲学社会科学版），2009（01）：1 – 5.

集中的永顺、龙山、保靖等地调研时指出："在改土归流前，土家多与土家结婚，和汉人及其他族通婚的很少。"① 这表明，在过去，土家族对于族际通婚基本上是不支持的。后来，李晓霞利用 2000 年的人口普查资料，分析我国族际通婚圈的构成，发现与土家族通婚率较高的两个民族是汉族和苗族；与苗族通婚率较高的两个民族是汉族和土家族。② 马戎教授更是认为土家族"对族际通婚不加限制""与外族通婚普遍"。③ 陈心林博士通过实地调查，发现潭溪土家族的族际通婚既突破族群界限，又突破地域范围，尤其是与苗族长时段、大规模的通婚，有效地促进了相关族群的融合，十分有利于当地族群关系的和谐发展。当然，历史上形成的族群间不平等结构在意识层面上对民众的择偶倾向也有一定影响。李然选取了土家族、苗族杂居的凤凰县吉信镇、古丈县双溪乡和保靖县涂乍乡对土家族、苗族的通婚情况与文化互动做了考察，认为彼此的文化偏见也阻碍了土家族与苗族通婚。④ 王平考察了武陵地区历史上的族际通婚，认为该地区族际通婚形成了由个别通婚向集群通婚发展、由上层统治者通婚向下层民众通婚发展、由一般通婚向民族融合发展的历史轨迹。⑤ 这一历史轨迹，揭示了该地区民族关系曲折发展的历史过程，族际通婚范围逐渐扩大、对象逐渐增多的发展规律，揭示了该地区民族关系由恶性循环逐渐向良性循环发展演变的客观规律。⑥

---

① 汪明瑀．湘西土家概况［A］．中央民族学院研究部．中国民族问题研究集刊第四辑［C］．北京：中央民族学院研究部，1955：187．

② 李晓霞．试论中国族际通婚圈的构成［J］．广西民族研究，2004（03）：20－27．

③ 马戎．中国各民族之间的族际通婚［A］．马戎，周星．中华民族凝聚力形成与发展［C］．北京：北京大学出版社，1999：172．

④ 李然．当代湘西土家族苗族族际通婚与文化互动［J］．贵州民族学院学报（哲学社会科学版），2011（03）：63－67．

⑤ 王平．论武陵地区历史上的族际通婚［J］．三峡大学学报（人文社会科学版），2008（05）：14－19．

⑥ 王平．从族际通婚看武陵地区民族关系的演变［J］．湖北民族学院学报（哲学社会科学版），2007（05）：17－21．

目前，族群身份对土家族的择偶行为基本没有影响。这种情况在土家族地区带有一定的普遍性，如邱泽奇在湘鄂土家族地区调查时也发现当地"民族之间的通婚似乎并没有什么特别的禁忌……配偶的民族成分可能仍然主要取决于选择机会"①。

关于族际交往。唐宋以来，历代官员和学者就开始关注湘西地区族群间频繁的文化互动与复杂的族际关系。如《蛮书》《万历野获编》《天下郡国利病书》《苗俗纪闻》《平苗纪略》《钦定平苗记》《苗防备览》《圣武记》《苗疆屯防实录》《苗防屯政考》等。历代正史和湘西区域方志中也都对各时期本区域的族群分布、族群间的交往互动有大量的记述，保存了相当珍贵的古代湘西族群历史、文化资料。民国时期凌纯声、芮逸夫的《湘西苗族调查报告》以及石启贵的《湘西苗族实地调查报告》都对湘西族群关系史进行了回溯，如凌纯声、芮逸夫在苗族的起源、族称、分类、地理分布和迁徙、政治组织、屯田等方面的研究中，都涉及了湘西苗族、汉族和土家族之间的族群关系。② 石启贵也在"历史记略""政治司法"等章中追述了族群关系史中的重大事件③。新中国成立后，学术界开始从我国多民族统一国家的宏观视野来构建湘西族群关系史。吴永章的《中南民族关系史》、伍新福的《湖南民族关系史》（上）、翁独健的《中国民族关系史纲要》等都是这种视野下的经典之作。同时，"中国少数民族简史丛书"中的《土家族简史》作为官方编订的民族史，也运用马克思主义民族理论的观点和方法对湘西族群关系史进行了全新的总结。《土家族简史简志合编》中也认识到"土家族与苗族人民间，有频繁和长期的文化交流，互相学习，丰富了彼此的文化生活""土家族与汉族、苗族人民长时期的共同斗争和文化交

---

① 邱泽奇. 湘鄂山居民族的社会与经济——土家族社区发展调查［A］. 马戎，潘乃谷，周星. 中国民族社区发展研究［C］. 北京：北京大学出版社，2001.

② 凌纯声，芮逸夫. 湘西苗族调查报告［M］. 北京：民族出版社，2003.

③ 石启贵. 湘西苗族实地调查报告［M］. 长沙：湖南人民出版社，1986.

流，使彼此的文化都得到了共同的提高""土家族和苗族人民在长期的文化交流中，互相学习，相互影响，彼此也都有一定程度的同化"①。其中也有对具体族群间关系的研究。如彭武一将明清年间的湘西土家族、苗族的关系总结为，"土家、苗家作为民族来说，两者相邻而居，并无根本矛盾。自古迄今，双方的关系是融洽的，是友好的。如果在某些历史事件上存在问题，土司应承担责任，而更大的责任应由明清王朝这一驱使者来担负"②。段超教授对元代至清初汉族与土家族的文化互动进行了系统的探讨，认为，元至清初是汉族与土家族文化互动剧烈时期，土家族文化与汉族文化以多种方式接触和碰撞，这种频繁的文化互动强化了两族间的文化认同，密切了两族关系，有力地推动了土家族经济、文化的发展，促进了土家族的进步。文化互动使土家族地区与汉族地区的联系得以加强，使统一的多民族国家进一步巩固。汉族与土家族文化认同的增强，对于清初土家族地区改土归流产生了重要影响，它在很大程度上决定了改土归流的时间、方式和特点③。董珞按相互依存、相互渗透、相互转化三个层次解析了湘西北的民族文化格局，认为土家族、苗族、汉族三大民族之间文化联系的四个模式为传播、取代、变通、交融。④ 她特别关注到武水流域几个村落的土家族、苗族、汉族互相转化的情形。⑤ 蒋小进描述了湘西永顺县苗寨、双凤、儒家三村的民

① 中国科学院民族研究所湖南少数民族社会历史调查组. 土家族简史简志合编［M］. 北京：中国科学院民族研究所湖南民族社会历史调查组，1963：31－38.
② 彭武一. 明清年间湘西的土家与苗家——初论土家族苗族历史上的和睦友好关系［J］. 吉首大学学报（社会科学版），1987（01）：13－19.
③ 段超. 元至清初汉族与土家族文化互动探析［J］. 民族研究，2004（06）：92－100,110.
④ 董珞. 湘西北各民族文化互动试探［J］. 民族研究，2001（05）：41－47，107－108.
⑤ 董珞. 巴风土韵——土家文化源流解析［M］. 武汉：武汉大学出版社，1999.

族风俗，分析了民族文化变迁与转化的情况。① 该文可以看作对董珞"三元互动"的一个个案研究。李然在其博士学位论文中从背景、形式、内容、过程、动因、模式等方面详细论述了土家族、苗族族际的文化互动与族际关系之间如何相互影响。②

（四）习惯法伦理文化

从整体性上来看，土家族习惯法具有系统性和公共性的特点，其当代转型和变迁既表现为一种系统性、整体性的变化，也表现为一种公共性逐步扩大的过程；在系统性的指引下，土家族习惯法的变化表现为文化内容输入与输出系统的失调，转换渠道单一以及反馈机制匮乏，并且大量内容以知识运动的形式展现，而公共性的扩大打破了许多固有的社会空间限制，是造成习惯法部分内容失去活力的原因。但总的来说，产生习惯法的基本组织，比如家族、地方政府仍然具有活力，而国家法仍然有触不到的角落，故而习惯法并不会消亡，而会以一种更高级的形式回归③。

关于传统婚姻习惯法伦理文化。订婚既是土家族婚姻取得社会承认的一种方式，也是土家族人在婚姻方面践信守诺的一种表现④。不过土家族人在订婚时是需要过彩礼的⑤。分析土家族婚俗观念，"明媒正娶"是当地婚俗中必不可少的程序。如果双方仅仅在民政局登记获得结婚证，而没有媒人，不"去礼行"，不摆宴席，在多数人特别是老人看

---

① 蒋小进.民族文化的多元互动——永顺县苗寨、双凤、儒家三村民俗调查所见所思 [J].中南民族学院学报（人文社会科学版），2001（04）：44－47.
② 李然.当代湘西土家族苗族文化互动与族际关系研究 [D].北京：中央民族大学，2009.
③ 余浩然.向外而生：土家族习惯法的当代变迁和转型——基于建始县白云村的调查 [J].中国农村研究，2018（02）：77－90.
④ 向美蓉.湘西土家族婚姻习惯法的当代变迁 [D].北京：中央民族大学，2010.
⑤ 郭磊.习惯法与国家法的互动研究——以长阳贺家坪土家族习惯法为例 [D].恩施：湖北民族学院，2011.

来，是"不守规矩"的行为，或者是心里认为这是一件"有说法"的婚姻。婚姻法规定双方合意、自由结婚，不受其他人干涉与约束，在现实中往往更多的是"父母之命，媒妁之言"，以及得到周围人的认可①。此外，"坐床婚"和"填房婚"习惯法的产生效力限制了女子的"再婚权"；在这两种形式的婚姻中，妇女明显地被当作一份"动产"和一种生儿育女传续香火的工具；反映出族权与夫权对妇女的压迫及妇女社会地位的低下。②"坐床婚""填房婚"在今天看来的确是不文明的，但在生产实践中有它自身存在的一定合理性。其产生实质上也是基于防止族内财产、劳力外流，维持家庭稳定的财产关系的需要③。另外，在土家族习惯里，早婚是受到认可的，这种风俗直到现在仍比较浓厚，而早婚习俗以及民族的婚姻制度一起构成的民族传统文化并不被认为具有社会危害性而加以谴责，更不用说惩罚④。

关于家庭婚姻习惯法伦理文化的变迁。有学者发现土家族婚姻习惯法伦理文化较之以往，已有新的变化，如"骨种婚"逐渐消失，男女双方离婚过程中宗法色彩逐渐减弱，婚姻程序不断简化，婚姻趋于自由化，传统婚姻仪式与婚姻登记并存，通婚禁忌的强制性减弱，再婚过程中女子有选择权等⑤。如今，在社会文化结构性变迁的背景下，土家族人从无到有的协议观念，从互助到请工的劳务形式，从烦琐到简洁的婚姻仪式，从强制到自由的宗嗣继承，从强盛到消解的宗法制度，均体现

---

① 葛健. 论我国少数民族习惯法与制定法的关系——以湖南省螺狮滩村的法律现状为切入点 [D]. 长春：吉林大学，2010.

② 向美蓉. 湘西土家族婚姻习惯法的当代变迁 [D]. 北京：中央民族大学，2010.

③ 向美蓉. 湘西土家族婚姻习惯法的当代变迁 [D]. 北京：中央民族大学，2010.

④ 葛健. 论我国少数民族习惯法与制定法的关系——以湖南省螺狮滩村的法律现状为切入点 [D]. 长春：吉林大学，2010.

⑤ 向美蓉. 湘西土家族婚姻习惯法的当代变迁 [D]. 北京：中央民族大学，2010.

其习惯法伦理文化的现代变迁①。"父母之命、媒妁之言"从实质意义到仅具形式意义，结婚步骤减少、婚礼仪式简化，下堂仍为母，离婚更自由，财产分割更平等，族规、家训的惩罚功能消失，过继入赘由强制到自决，异姓继嗣由禁止到允许，改姓更名权利更自主②。

关于丧葬习惯法伦理文化。土家族丧事的举办并没有节俭下来，反而是花费巨大，不仅要给前来送人情的客人大摆宴席，还要请"家业"跳丧，甚至丧葬仪式举办得是否隆重，成为评判儿女是否尽孝道的标准之一。如果某家儿女给老人简简单单地举办了丧事，会被当地人笑话为不孝。这与《殡葬管理条例》倡导的"积极地、有步骤地实行火葬，改革土葬，节约殡葬用地，革除丧葬陋俗，提倡文明节俭办丧事"殡葬管理方针相冲突。长阳贺家坪土家族墓地选址在自家的耕地里，要背靠高山，面向开阔的地方，这与《殡葬管理条例》的第二章第十条"禁止在耕地、林地建造坟墓"，第三章第十五条"在允许土葬的地区，禁止在公墓和农村的公益性墓地以外的其他任何地方埋葬遗体、建造坟墓"的规定相冲突。此外，长阳贺家坪土家族做坟时要用"高清吊子"，下肆时要用纸钱等，这与《殡葬管理条例》第四章第十七条"禁止制造、销售封建迷信的丧葬用品"的规定相冲突。③

关于土家族习惯法伦理精神的综合分析。沈永胜认为土家族习惯法是法文化的本土资源，是支撑土家族人的一种重要的精神理念。土家族习惯法文化强调集体利益；鼓励团结友爱、互相帮助；提倡、鼓励尊老爱幼；强调说服教育，注意成员的内在的可接受性。有积极价

① 罗华. 土家族习惯法的当代变迁——以红烈村为例 [J]. 法制与社会, 2009 (22): 272 – 273.
② 罗华, 卢明威. 土家族婚姻家庭习惯法的现代变迁及其价值 [J]. 铜仁学院学报, 2011 (02): 109 – 114.
③ 郭磊. 习惯法与国家法的互动研究——以长阳贺家坪土家族习惯法为例 [D]. 恩施：湖北民族学院, 2011.

值的一面，同时，它也有原始性和迷信色彩的一面。表现出封闭、排外，存在狭隘的民族观念；由于它强调以团体为本位，强调对个人的管理和约束，对个人的要求、利益重视不够，一定程度上压抑了民族成员的个性；它过多地重视风水，讲究迷信禁忌，敬佛拜佛，宗教迷信色彩过浓。因此，土家族习惯法文化与国家制定法文化既有其一致性，互补的一面，也存在矛盾和冲突。① 王剑剖析了土家族巫歌，认为土家族民族习惯法极重孝悌，在日常生活中使用血缘亲情的纽带作用维护家族利益为最高标准；土家族的民族习惯法注重环保，以人与自然的和谐发展为立法原则之一；土家族习惯法严格遵循公平诚信、一诺千金的法制原则，并对违犯者进行严厉的惩罚；但也存在法律类别含混不清、以民代刑、以刑惩民现象和民族宗法的陈规陋习。② 冉瑞燕以民谚为视角，探讨了清江流域的公民行为习惯法，认为清江流域公民行为习惯法的核心价值是：（1）"情"，包括亲情、族情、友情、乡情及人情；（2）"理"，包括公道（社会认可的公平正义、约定俗成的规矩、人的良知）、规律（人对自然、社会发展客观规律的认识）、经验（社会实践的认识），即理法，是人们为人处世、待人接物、安身立命的最简单、最朴素的道理；（3）"和"，包括家和、族和、邻里和、社会和。③

（五）婚姻家庭伦理文化

关于婚姻伦理文化。土家族的婚姻经历过"群婚—血缘婚—骨种

---

① 沈永胜. 土家族习惯法文化探析 ［J］. 贵州民族研究，2005（04）：117－120.
② 王剑. 土家族巫歌的习惯法功能——以乌江流域土家族为例 ［J］. 民间文化论坛，2011（01）：16－21.
③ 冉瑞燕. 清江流域公民行为习惯法研究——以民谚为视角 ［J］. 中南民族大学学报（人文社会科学版），2012（01）：96－102.

婚—非血缘婚"几个阶段①。尽管土家族的婚姻文明在进步，但是，以"泛家族主义"为原则的"亚血亲婚姻"形式——"骨种婚"（姑表结婚、姨表结婚、舅表结婚）和换亲婚，在土家族婚姻中还是顽强地存在着较长时间。这一点，被诸多民族学研究者所关注。20世纪90年代初，张仲孝、夏敬压还专门对鄂西土家族苗族自治州（现恩施土家族苗族自治州）15110例土家族育龄妇女的近亲婚配情况进行过实地调查，发现近亲婚配率、子女夭折率、下代致残率均有较高比例②。柏贵喜在田野调查资料的基础上并利用人口普查资料，认为：当代土家族近亲婚配在逐步减少③。总体上看来，土家族的婚姻类型是在自然选择法则和社会力量（包括但不限于政治力量、民族交流、婚姻法规等因素）的共同作用下不断去封建化，最终走向法治化的发展过程④。

关于夫妻关系。田茂军经考察民谚而认为传统土家族社会中的夫妻关系是一种平等的关系⑤。而尹旦萍认为土家族夫妻权力却存在一个变化，即夫妻双方在2000年前基本上处于较为平等关系格局中，在2000年以后由于婚姻市场上性别比失衡导致了夫妻权力向女性倾斜⑥。瞿州莲通过对瞿氏宗族的考察，认为在土家族社会盛行男尊女卑、嫁鸡随鸡的观念，夫妻之间认同"男主外、女主内"这种家庭格局⑦。

---

① 彭林绪. 土家族婚姻习俗的嬗变［J］. 湖北民族学院学报（哲学社会科学版），2001（02）：38－46.
② 张仲孝，夏敬压. 鄂西土家族近亲婚配的调查［J］. 中国公共卫生学报，1993（02）：116.
③ 柏贵喜. 当代土家族婚姻的变迁［J］. 贵州民族研究，2005（02）：88－94.
④ 秦灵，唐念念. 渝东南土家族婚姻类型演变分析［J］. 民族论坛，2015（06）：70－73，80.
⑤ 田茂军. 土家族民谚中的婚姻观［J］. 吉首大学学报（社会科学版），1997（03）：104－106.
⑥ 尹旦萍. 土家族夫妻权力的变化及启示——以埃山村为例［J］. 妇女研究论丛，2010（01）：32－38.
⑦ 瞿州莲. 一个家族的时空域——对瞿氏宗族的个例分析［M］. 贵阳：贵州民族出版社，2002.

关于家庭代际伦理文化。瞿州莲教授认为：（1）父母不娇惯子女，即学龄阶段的子女就要干家务活，甚至做农活；（2）子女善事父母，婚后子女即便不与父母同住，按祖规亦需要同父母在生产、生活上来往密切，并负责养老送终；（3）婆媳关系、岳婿关系融洽，子媳视公婆为父母，公婆视子媳为闺女，女婿待岳丈为父母，岳丈待女婿为儿子；（4）过房承祧者亦视养父母为己父母。①

关于生育伦理文化。多育是土家族人生育观最基本的方面②。在二孩政策尚未放开之前，土家族农村居民的理想生育子女数为二孩趋向③，紧靠生育政策上限。土家族人在生儿育女方面是存在性别偏好的，总体上看来，生育的偏爱为男性。有学者根据全国第四、五次人口普查数据统计并比较分析，得出"从1990年到2000年，土家族的新生儿的性别比骤升"的结论；且第五次人口普查数据显示，"土家族的第一孩男、女性别比为112.34，二孩立即上升至130.94，三孩、四孩均上升到150以上"④。但是，与汉民族相比较，"重男轻女"现象没有那么强烈。可以说，土家族人并不轻视女儿⑤，居民基本上都是追求儿女双全的⑥。

（六）丧葬伦理

关于丧葬伦理文化。隆重的丧葬仪式不仅是亲属对逝者尽孝最集中

①　瞿州莲. 土家族的家庭关系及其演变［J］. 贵州民族研究，2002（01）：88-92.
②　李明开. 土家族民俗与生育观试探［J］. 西北人口，1991（01）：46-48，32.
③　刘伦文，彭红艳. 土家族地区农村居民生育意愿研究——对恩施自治州376位农村居民的调查分析［J］. 湖北民族学院学报（哲学社会科学版），2010（01）：9-12，61.
④　李智环，蒙小莺. 土家族生育状况、原因及对策分析［J］. 湖南文理学院学报（社会科学版），2007（02）：34-36.
⑤　李明开. 土家族民俗与生育观试探［J］. 西北人口，1991（01）：46-48，32.
⑥　刘伦文，彭红艳. 土家族地区农村居民生育意愿研究——对恩施自治州376位农村居民的调查分析［J］. 湖北民族学院学报（哲学社会科学版），2010（01）：9-12，61.

的表现形式，也是教育晚辈接力孝敬的最好的表现形式，因此，孝是土家族丧葬仪式中最为核心的功能体现①。其中，破狱、破池、解罪等超度活动，表达人们"报答父母养育恩"的人伦思想②，在人们心中筑起一道无形的"孝文化"丰碑，使这种孝道得以延续③。同时，不论家庭身份、社会地位和贫富差距的葬礼，是全宗全族集会场域，自然而然起到了和宗睦族的作用④。湘西土家族"合寨比邻住，非族即亲人，述起根盘说亲疏，打断骨头连着筋"，因此有学者在解读湘西土家族丧葬习俗文化蕴涵时，也认为丧事中全寨男女老少纷纷拢场就起到睦族、友邻的伦理功能⑤。当然，丧葬中人情交往明确了社会关系网络，增强了家族内的团结和人们彼此之间的凝聚力，显示了集体的力量，起到强化其亲属观念的作用⑥。

关于祭伦理文化。明以前，土家人只祭族祖和部落祖先神，尚无祭祀家祖神灵的习俗⑦，改土归流后，因深受汉儒孝道文化影响，对"追远"的孝道观扩展到对宇宙、族群、自然⑧。而在土家族地区盛行的"二次葬"，既是土家族"慎终追远"在祖先崇拜及血脉传承上的具体体现，同时又是土家族提倡孝行的一种行为方式，它所反映的伦理文化

---

① 胡美术．道公视角：湖北恩施土家族丧葬习俗调查［J］．长江师范学院学报，2012（01）：21 - 27，137.

② 刘琼．土家族"佛事"丧葬习俗研究——以湘西桑植县洪家关乡化香峪村为个案［D］．长沙：中南大学，2007.

③ 李岑．湘西土家族丧葬文化及其伦理研究［D］．长沙：中南大学，2010.

④ 胡美术．道公视角：湖北恩施土家族丧葬习俗调查［J］．长江师范学院学报，2012（01）：21 - 27，137.

⑤ 瞿宏州．论湘西土家族丧葬习俗的文化蕴涵［J］．民族论坛，2016（06）：76 - 80.

⑥ 张明义．湖北丧葬习俗与伦理作用初探［J］．湖北社会科学，2009（04）：185 - 188.

⑦ 民国《永顺县志·地理志》［Z］.

⑧ 杨宗红．论土家丧葬歌的终极关怀［J］．黑龙江民族丛刊，2007（04）：155 - 159.

现象就是土家族"弥高以为至孝"的观念①。

关于葬歌中的伦理思想，土家族的佛事丧葬仪式唱词内容，不论是歌颂菩萨神仙大慈大悲的，还是表达孝子超度亡人的执着与孝心的，不论是为亡人赎过，还是为亡人表功的，都宣扬了土家人的善恶思想②。可以说，土家族丧葬歌每句歌词都代表了特定的文化内涵，不仅表达了土家族人乐观的生命意识，也表达了土家族人炽热的情爱生活，更折射了土家族人乐观、忠诚、进取、开放的民族精神③。还有学者认为土家族丧葬歌凝聚着土家人对生命的体验与审视，表现在"慎终"的孝亲观、"追远"的感恩观、重视现世生活的生命观上，充满了强烈的终极关怀意识④。

（七）生态伦理文化

关于神话传说中的生态伦理文化。《虎儿娃》神话中传递了"人虎合一"的思想，这种观念表现到行为层面即强调与老虎保持生态平衡；《水杉树的传说》饱含了"树人合一"的生态意识，这种生态意识表现到行为层面即人与树相互保护⑤。而土家族先民把自然界的某物当作祖先，这在某种程度上是土家族认识到了人的生命与植物特别是农作物关系的体现⑥，这种关系不是人与物的疏间，而是土家族人在集体意识上

① 朱世学. 土家族地区的"二次葬"及文化解读 [J]. 三峡大学学报（人文社会科学版），2012（02）：5-10.
② 刘琼. 土家族"佛事"丧葬习俗研究——以湘西桑植县洪家关乡化香峪村为个案 [D]. 长沙：中南大学，2007.
③ 陈绍皇. 清江流域土家族丧葬礼俗及其歌词的文化内涵 [D]. 兰州：兰州大学，2007.
④ 杨宗红. 论土家丧葬歌的终极关怀 [J]. 黑龙江民族丛刊，2007（04）：155-159.
⑤ 冉红芳. 土家族传统文化中的生态意识探析 [J]. 湖北民族学院学报（哲学社会科学版），2005（04）：1-3，16.
⑥ 周兴茂. 土家族的传统伦理道德与现代转型 [M]. 北京：中央民族大学出版社，1999：42.

表现出的与自然物之间的亲近①。《依罗娘娘造人》与《依窝阿巴做人》这类神话传说体现了人与植物是一体的观念，这种观念外化为人的道德践行，即要像对待自己一样对待周围的植物②。此外，湘西土家族民间流传着的创世神话——宇宙是卵，人由卵生——揭示着"人是宇宙之子"的观念，这种观念表现到行为层面即强调人要与宇宙建立起某种亲和关系③。正是基于"人物同源"的观念，且认为人与物的关系亲密又亲和，所以，土家族人强调维持生态平衡；这也使得人要善待生命物的观念一度深入人心，并在实践上得以积极践行。对于这一点，可以从三峡考古中的生态资料得到佐证④。

关于宗教信仰中的生态伦理文化。土家族人有关农事的方方面面都受万物有灵的观念所支配⑤，于是土家族产生了天象自然神、农作物神、农业祖先神、农业灵物以及畜力神等一套与农业生产有关的民俗神灵信仰体系⑥。所有崇拜的神灵都是自然物及自然现象在人的意识观念中经过神化后的再现，土家族人通过祭祀神灵表达出人对自然有敬畏之心的观念，这就使得族人意识到过度攫取自然万物的危害性⑦。而在人为宗教中，特别是受儒教、道教和佛教等外来宗教深度濡化之后，不论是"梯玛"还是"文教"，都与外来宗教一样，有严禁杀生、见杀不吃的戒律。

---

① 王希辉，黄金. 土家族传统和谐思想及其当代价值 [J]. 前沿，2010 (15)：150 - 154.
② 李霞. 土家族传统生态伦理观及其现代价值 [J]. 民族论坛，2008 (10)：34 - 35.
③ 胡炳章. 人与自然关系的独特思考——论土家族的自然宇宙观 [J]. 吉首大学学报（社会科学版），2005 (02)：15 - 19.
④ 赵冬菊. 古代巴人生态环境略考 [J]. 长江论坛，2006 (06)：82 - 88，93.
⑤ 李伟，马传松. 乌江流域少数民族的生态伦理观 [J]. 重庆社会科学，2007 (03)：122 - 125.
⑥ 王友富，胡兰. 土家族农业信仰民俗神灵体系考 [J]. 农业考古，2014 (06)：306 - 311.
⑦ 李霞. 土家族传统生态伦理观及其现代价值 [J]. 民族论坛，2008 (10)：34 - 35.

关于生计方式中的生态伦理文化。土家族人采取的轮歇制度，使刀耕火种没有造成植被过多地破坏①，而且是根据土壤肥沃程度和坡地陡峭斜度的不同，采取无轮作刀耕火种、短期轮作刀耕火种、长期轮作刀耕火种等不同的耕作方式，以便调适到生态平衡的程度②。其中，烧畲（"烧火粪"）是土家人处理和利用废弃稻草、秸秆等自然物的重要体现③。此外，土家族在农事生产中普遍使用猪牛粪、油桐饼、草木灰等农家肥，是将生态伦理认知与实践结合为一体的体现④。再者，土家族人的居住方式体现出依靠自然、尊重自然、利用自然，与自然和谐共生、互利共处的生态观念⑤。虽说土家族的传统技术和传统知识在生态保护上不是俱全的，但这些知识与技术可以弥补在生态环境保护过程中其他手段的不足⑥。

关于禁忌习俗中的生态伦理文化。土家族所形成的那一整套禁伐、禁猎的禁律，就体现着土家族人对于人与自然关系的理解⑦。而土家族种植十八女儿杉或栽种喜树的习俗则明显起到生态环境保护作用⑧。悬棺葬、岩洞葬等习俗反映出的灵魂归宿观就同山地生态有着密切联系；即使是土葬，坟山上也要种植竹子或树木，这就体现出与汉族土葬不一

① 柏贵喜. 南方山地民族传统文化与生态环境保护［J］. 中南民族学院学报（哲学社会科学版），1997（02）：50 - 54.

② 白兴发. 少数民族传统文化中的生态意识［J］. 青海民族学院学报，2003（03）：48 - 52.

③ 王希辉，余平. 土家族的生态观及其当代意义［J］. 前沿，2009（08）：108 - 111.

④ 李霞. 土家族传统生态伦理观及其现代价值［J］. 民族论坛，2008（10）：34 - 35.

⑤ 王希辉，余平. 土家族的生态观及其当代意义［J］. 前沿，2009（08）：108 - 111.

⑥ 梁正海，柏贵喜. 村落传统生态知识的多样性表达及其特点与利用——湘西土家族村落"苏竹"个案研究［J］. 吉首大学学报（社会科学版），2009（03）：31 - 37.

⑦ 李伟，马传松. 乌江流域少数民族的生态伦理观［J］. 重庆社会科学，2007（03）：122 - 125.

⑧ 柏贵喜. 南方山地民族传统文化与生态环境保护［J］. 中南民族学院学报（哲学社会科学版），1997（02）：50 - 54.

样的生态意识①。

关于乡规民约中的生态伦理文化，瞿州莲在考察《瞿氏宗谱》时发现，宗族村社制中的族规家训和习惯法，"不仅维护土家族宗族社区内的稳定，而且在生态环境维护和生态灾变的救治中都发挥着重要作用"②。《双凤村封山护林公约》充分体现了土家族人那种强烈的爱林护林的生态意识③。

（八）土家族伦理文化研究的前瞻与展望

以上论著，不同程度上具有参考价值，但也存在如下问题：

第一，文献研究多，田野调查少。文献研究法是研究少数民族伦理文化的重要方法之一，它能使研究超越时空限制而广泛地、深入地了解研究对象的历史成像。现有的研究成果多是借助于方志、统计资料、民间文学记录资料等文献来获得的。但是，文献研究亦有其历史局限性，其中最主要不足就是只能呈现历史，不能反映现实。对民族伦理文化的诠释，不仅要了解历史的实然，更要了解当下的实然。这既是为了通过历史与现实的对比，以此证明民族伦理文化的变迁到底是优化了还是退化了，又是为了更好地筹划少数民族伦理文化的未来发展。而现实是多样的、复杂的，也是具体的，关涉该民族的伦理道德生活的方方面面。因此田野调查也是一个必须运用的方法，它是一种"以社会事实解释社会事实"的研究方法。通过田野调查，将各种伦理文化样本放置在变动的伦理道德生活之中，从而透视该民族伦理文化细枝末节的变化，

① 冉红芳. 土家族传统文化中的生态意识探析 [J]. 湖北民族学院学报（哲学社会科学版），2005（04）：1-3，16.

② 瞿州莲. 浅论土家族宗族村社制在生态维护中的价值 [J]. 中南民族大学学报（人文社会科学版），2005（03）：20-22.

③ 马翀炜，陆群. 土家族——湖南永顺县双凤村调查 [M]. 昆明：云南大学出版社，2004：202.

力所能及地做到对该民族的伦理文化进行真实读解，把握"事务的本质"①。

第二，重点问题亟待深化研究。研究民族伦理文化，不仅要揭示不同历史阶段的基本规范与守则是什么，以及相应的文化表现形式，更要探究民族伦理文化历史变迁的动因和内在规律。换言之，不仅需要对其进行历史性考察，还需要对历史变迁有一个整体性评价，看其究竟是优化了还是退化了。此外，需要对其变迁机制与转型路径进行研究，看其现代变迁究竟是内在创造性转化的结果，还是外在批判性重建的结果，抑或是双重机制共同起作用的结果。例如由"以歌为媒、梯玛证婚"到"父母之命、媒妁之言"再到自由婚恋所展现的土家族人婚姻自主权的变迁问题；又如由族内婚姻向族际婚姻越迁的问题。例如，丧服制度、葬制、墓制、丧祭、吉祭、追思等在改土归流前后就有较大不同。在改土归流前，丧礼、葬礼和祭礼基本上都维持着土家族原生态的文化因子，而在改土归流之后，汉儒文化不断濡化原初的土家文化，其丧礼、葬礼和祭礼深受影响，或多或少、或深或浅地发生着嬗变。新中国成立之后，社会主义的文化因子又渗透其中。改革开放以后，现代文明的观念又进一步引领土家族丧葬伦理文化的发展。

正是基于这两个方面的问题，我们立足田野调查，从优化与退化两个方面来研究土家族伦理文化的现代变迁。

三、研究方法

对于任何科学研究来说，都需要运用一个恰当的方法给予正确的处理，因为"方法并不是外在的形式，而是内容的灵魂"②；也只有科学

---

① 邹琼. 理解与解释：深描的文化观 [J]. 青海民族研究，2007（01）：60－62.
② 格奥尔格·黑格尔. 小逻辑 [M]. 贺麟，译. 北京：商务印书馆，1980：427.

的研究方法才能规范研究者对实质的把握。对"民族伦理文化"展开研究，必须立足于有效地对"少数民族伦理文化""少数民族伦理文化变迁"等一系列核心概念的内涵和外延进行界定的基础上，力避价值导向的选择性偏差，确定研究的方法论维度。唯有如此，才能避免那种根据研究者自身的感觉对研究对象进行选择性分析的倾向。一旦研究中出现价值导向的选择性偏差，那将无法对复杂丰腴的民族伦理文化做出客观、完整的描述。在研究过程中，多数学者都强调要运用实地调查、历史分析、系统分析、一切从实际出发等方法①。这些方法是正确的，也是可借鉴的。

我们认为，研究民族伦理文化，于宏观——纵向，就是既要观照历史，又要立足当下，还要面向未来；于中观——横向，就是要从总体性上把握体现民族性的观照类性的伦理文化、观照群体性的伦理文化与观照个体性的伦理文化；于微观——交叉，就是要关涉该民族的伦理道德生活的方方面面。因此，研究方法绝不是单一的，而是系统的，但又是以"历史与逻辑相统一"为中心的。

对民族伦理文化的诠释，必须面向历史。而历史有两类：一是"事情之自身"，即民族伦理文化史上业已存在的客观事实；二是"事情之纪述"，即不同时代的人根据所处时代的民族精神与时代精神对民族伦理文化史上的"事情之自身"做出的描述与形塑。对于置身当下的研究者而言，"事情之自身"是无法再现的，对"事情之自身"的认知与理解都是凭借"事情之纪述"。因此，文献参证法，是研究民族伦理文化必须运用的方法之一。这里所说的参证不是陈寅恪先生讲的"取外来之观念与固有之材料互相参证"，而以"事情之纪述"为参考，并凭借"事情之纪述"来印证"事情之自身"。这样一来，就可以避免

① 佟德富. 中国少数民族哲学概论［M］. 北京：中央民族大学出版社，1997：24 - 28.

阐释者的主体化意向。

对民族伦理文化的诠释，不仅要了解历史的实然，更要了解当下的实然。这既是为了通过历史与现实的对比，以此证明民族伦理文化的变迁到底是优化了还是退化了，又是为了更好地筹划少数民族伦理文化的未来发展。而现实是多样的、复杂的，也是具体的，关涉该民族的伦理道德生活的方方面面。因此实证研究也是一个必须运用的方法。实证的具体方式是多样的，包括观察、访谈、问卷和民族志等。不过，实证不是简单的到田野中亲眼观察、亲身访谈、亲笔记录，而是有自身特殊的研究规范——有契合研究对象与研究内容的具体指标，否则所谓的"实证研究"只不过是"实地研究"而已，不具实证价值。因为实证研究是一种"以社会事实解释社会事实"的研究方法。

既然要在动态中揭示民族伦理文化的变迁，又需要对涉及该民族的伦理道德生活方方面面的当下"以社会事实解释社会事实"，那么，"深描"的研究方法是必须借用的。因为"深描"的研究方法能够将各种伦理文化样本放置在变动的伦理道德生活之中，从而透视该民族伦理文化细枝末节的变化，力所能及地做到对该民族的伦理文化进行真实读解，把握"理解的本质"①，而不是误读与曲解。对于这一点，有学者呼吁"自觉地走向伦理文化的田野，因为只有走向田野，才能切实地了解到普通人的道德生活状态，才能观察到民间习俗中所蕴藏的地方性道德知识，才能感受到社会道德变迁的脉动"②。

不论是通过参考文献来印证历史，还是通过实证"深描"现实，都是属于描述伦理学的研究方法。问题在于：只做现象描述、不做价值评价的研究，对民族伦理文化研究而言是不够的。它还必须在"复原"客观存在的伦理道德生活的基础上，总结出符合人类伦理道德生活的应

---

① 邹琼. 理解与解释：深描的文化观［J］. 青海民族研究，2007（01）：60 - 62.
② 孙春晨. 走向伦理文化的广袤田野［J］. 道德与文明，2012（05）：154 - 155.

然之理与当然之则。因此，日常生活批判理论也是必须采用的研究方法。民族伦理文化的研究，并不放弃价值评价，相反，它要使感性的日常生活有理性的自觉。

无论研究者如何描述以及解释一个民族的伦理文化，都必须遵循"历史与逻辑相统一"的方法论原则。"历史从哪里开始，思想进程也应当从哪里开始，而思想进程的进一步发展不过是历史过程在抽象的、理论上前后一贯的形式上的反映。"① 因此，研究者必须凭借历史文献对该民族的伦理文化发展线索进行把握，看其在历史性上原初态是如何形成的，生成元是什么，又是怎样变迁的，生成性是什么，经历了哪些历史阶段，等等。同时，还必须把握民族伦理文化的本质，并在对其发展环节进行典型化考察的基础上展开综合分析，从而把握该民族伦理文化的内在结构与变迁规律。具言之，就是遵循民族伦理文化发生、发展的时间序列，关注民族伦理文化与特定社会文化背景、特定历史文化背景、特定地域文化背景的关联，把握蕴含于历史进程当中的典型化阶段，从而揭示该民族伦理文化演进的历史进程与逻辑进程。

不过，作为研究者还必须清醒地意识到：所选用任何一种研究方法都是"在十分确定的前提和条件下进行创造的"②，免不了带有时代的局限性，尽管学术界一直在探索新研究思路，确认新的研究方法。但是立定在马克思主义的方法论上，应该是中国学者始终坚持的基本的学术定向。

---

① 马克思，恩格斯. 马克思恩格斯选集：第二卷［M］. 北京：人民出版社，1995：14.

② 马克思，恩格斯. 马克思恩格斯选集：第四卷［M］. 北京：人民出版社，1995：604.

四、研究意义

开展民族伦理文化研究还必须对"研究民族伦理文化的意义何在?"这一问题予以解答。于当今时代开展民族伦理文化研究，其意义除了通过研究了解该民族伦理文化在历史上的地位与作用、丰富中国伦理文化（史）之外，最主要的意义有两个：一是实践功能意义，即有利于以社会主义核心价值观来筹划少数民族伦理文化建设；二是文化发展意义，即有利于民族伦理文化的现代转型。

开展研究不仅仅是为了"解释世界"，更是为了"改造世界"。因为，以当代少数民族伦理文化建设实践为路向，少数民族伦理文化与社会主义核心价值观的契合性为切入点，进而来筹划少数民族伦理文化建设，是当下中国在少数民族地区培育社会主义核心价值观必须予以落实的事情。这集中体现在两个问题上：一是要解决少数民族伦理文化发展问题，即其时代性问题；二是要解决少数民族伦理文化繁荣问题，即其民族性问题。就时代性问题而言，要超越民族伦理文化的宗教性、家庭性、守法性等传统属性，实现现代化，但不能在走向现代化的过程中自毁根基。就民族性问题而言，不同类型的伦理文化都要摒弃本位主义、超拔于自身，更何况中华伦理文化本身是多元一体的，因此，不能以主导价值观或主流价值观来消解民族伦理文化，也不能以民族伦理文化来消解主导价值观或主流价值观。就时代性与民族性的统一性问题而言，民族伦理文化同主导价值观或主流价值观，都是必须"接着讲"的，如果只有一个"接着讲"，既不能有效地实现主导价值观或主流价值观在少数民族地区的培育，也不能有效地实现民族伦理文化的升华。

实践路向——以社会主义核心价值观来筹划少数民族伦理文化建设给人的感觉是，这种研究或多或少带有"情感"的因素。然而，作为研究者不可能是"不哭，不笑，而是理解"①。问题在于"研究中的感情"是基于何种立场，即是基于该民族的立场还是基于该民族之外的立场。毫无疑问，一种民族伦理文化是该民族的精神之集中体现，作为该民族最为核心的价值观念与精神力量，在维系其生存与发展中起精神支柱的作用。因此，研究民族伦理文化的意义或价值，不能仅仅显现于功能上，也应该显现于少数民族伦理文化自身的发展上。换言之，研究民族伦理文化不仅是为了功用，也为了科学。但是，若对一个民族的伦理文化有了整体性的、全方位的理解与把握，也往往可以促进和实现那些功能或是目的。

---

① 普列汉诺夫.俄国社会思想史 [M].孙静工，译.北京：商务印书馆，1999：9.

第一章　土家族及其文化生态概述

但凡开展学术研究，都需要建构起与研究对象相对应的话语系统。话语系统源于生活又由生活所转化而成。在生活中，它是描述并反映某一社会之习俗、观念、规范的标识；而在研究中，它又转化为研究的对象、规范。就像生活中常常挂在嘴边的东西是最无知的一样，研究中"越重要的术语越可能被滥用"①。因此，完全有必要对"土家族"进行相应的厘定，并据此对土家族文化生态做一总体把握。

一、土家族的形成与发展

就土家族的族源说来，已有诸多说法，例如伏羲说、江西迁入说、巫载说、西北说、庸国说、湘西说、巴人后裔说、鄂西说、土著先民说、西南说、乌蛮说、边区说、氐羌说、板楯蛮说、濮人说、东夷说等，可以说是莫衷一是，这既有地域说，也有种族论。我们非常认可多源一体、巴人为主的观点。因为今日所说的土家族是源出巴人先民不断融合其他民族不断发展壮大而成的单一的土家族。而后在改土归流经民国直到新中国的漫长历史时期，土家族地区又不断吸纳外来人口，尤其

---

① 彼德·卡尔佛特. 革命与反革命［M］. 张长东，译. 长春：吉林人民出版社，2005：1.

是在民族识别过程中，非常多的人恢复和确认了土家族的民族身份。"土家族并非某一单一民族的简单延续，而是在其长期的历史发展过程中，由多种民族支系融合而成的'集合民族'。"①

就土家族形成时间说来，学术界也是歧见迭出、论争不断，尚未取得一致观点。据潘光旦先生考证，最早有"土兵"之称的文献出于1039年（北宋宝元二年），有"土人"之称的文献出于1134年（南宋绍兴四年），而有"土家"之称的文献则晚至近代的地方志书。② 虽说潘光旦先生没有明确说定土家族的形成时间，但我们可以从中推断其构想着土家族形成于宋代。不过有学者根据马克思主义民族理论，特别是斯大林的民族学说，对土家族形成时间提出了不同的学术观点。渔君教授认为在巴人先民时期：

> 由于部落联盟和军事民主制的建立……使部落有了一个更大的、更稳定的地盘。地域范围的相对稳定，人们之间的信仰和心理素质也更趋一致，这样同一地域、共同语言共同经济生活以及表现为共同文化上的共同心理素质的民族条件就具备了。③

如此，土家族的形成应在巴文化时期。杨昌鑫教授认为："春秋战国时期是土家族形成民族稳固共同体时期，这一时期，民族四个标志完全形成，并加入中华民族成员的行列中。"④ 祝光强教授"按照斯大林同志所阐述的四个共同为标准"，在《对若干土家族史问题的探讨》一文中列举一些史实，认为："早在汉朝这里的人们就形成了一个具有四

---

① 胡炳章. 土家族文化精神 [M]. 北京：民族出版社，1997：6.
② 潘乃谷，等. 潘光旦选集（Ⅱ）[C]. 北京：光明日报出版社，1999.
③ 渔君. 巴文化研究与民族形成浅议 [J]. 民族研究，1990（01）：96.
④ 杨昌鑫. 对土家族民族共同体形成时间的再认识 [J]. 中南民族学院学报（哲学社会科学版），1999（03）：72.

个特征的，比较稳定的共同体了。"① 彭南均教授认为：

> 土家族自古就居住在湘鄂川黔边，有一个安定的聚居区；他们有共同的经济生活；唐代中叶已具备和使用共同的交际、交流思想的重要工具——土家语，土家族的共同文化在唐代中叶已经形成……从家族的民族特征，可以看出它是一个古老的民族；从时代特征来看，它在唐代中叶已基本具备了形成一个民族的内因和外因。②

而朱圣钟教授认为：

> 五代后晋天福五年，溪州彭氏与楚王马希范议和，树立溪州铜柱，划定彼此疆界，土家族区域确定下来，土家族民族意识形成，标志着土家族作为一个民族共同体初步形成。③

经黄柏权教授较周详地论证，认为"土家族初步形成于两宋，而最终定型于土司时期"④。我们不需要在此专门讨论土家族形成的确切时间，不过可以肯定的是，可以把土家族的形成和发展划分为初始期、过渡期、定型期、曲折前进期和新时期。

对于初始期，学界讨论较多，在此不再重复。对于过渡期，那就是历时六百年之久的"羁縻"时期。从文献资料可以看到，在隋朝之前，

---

① 祝光强. 对若干土家族史问题的探讨 [J]. 湖北少数民族，1984（4）.
② 彭南均. 源远流长正本清源 [C] //湘西土家族苗族自治州民族事务委员会. 土家族历史讨论会论文集，1983.
③ 朱圣钟. 五代至清末土家族地区的民族分布与变迁 [C] //西南史地（第一辑）. 成都：巴蜀书社，2009：109.
④ 黄柏权. 关于土家族形成时间问题的讨论 [J]. 湖北民族学院学报（哲学社会科学版），2002（02）：20－25.

整个土家族地区人烟稀少、交通不便，各部落"聚族而居，寨自为俗，不相君长"①。进入唐末五代时期，土家族地区才进入五形态理论划定的奴隶社会。为什么这么说呢？因为土家族在这一时期时常发生对族人、对邻人的掳掠行为。而掳掠奴隶的行为就是奴隶制在人与人的关系上的直接反映。例如《宋史·蛮夷传》载：诸"蛮""亲戚比邻，指授相卖。父子别业。父贫则质身于子"②。又如《宋史·蛮夷传》记：宋咸平初，益州军乱，集施、黔、高、溪"蛮"豪子弟捍御，群"蛮"因熟汉路，寇略而归，夔州路转运使丁谓召与盟，令还"汉口"。③ 再如《宋史·蛮夷传》记：大中祥符五年，宋真宗优诏许"溪洞蛮夷归先劫汉口及五十人者，特署职名，仍听来贡"④。而已处于封建制的中央王朝是如何治理当时处于奴隶制社会中的土家族人的呢？那就是选择了以抚为主的"羁縻政策"，即选择那些有智有勇的且为"蛮人"信服者为首领，加官晋爵，以镇抚当地少数民族。正所谓："以蛮夷治蛮夷，策之上也。"⑤ 所以，黔州治下的五十个蛮州，"皆羁縻，寄治山谷"（《旧唐书·地理志》）。唐朝末年，五胡乱华，天下大乱，"诸酋分据其地，自为刺史"⑥。中间经宋王朝，到元朝，为了进一步加强对土家族先民的治理，改"羁縻制"为"土司制"。这不仅是将原有的几个或几十个羁縻州在地域上合并治理，更是行政制度上的重新设置。例如元延祐元年，朝廷将原黔州治下的五十个蛮州设立了（酉阳）沿边溪洞年在宣慰司和石砫宣抚司。⑦ 再经明朝，到雍正十三年，推行"改土归

① 四川省酉阳民族事务委员会.酉阳民族成分普查资料［Z］.内部资料，1981.

② （元）脱脱，等.宋史（卷四九五）［M］.北京：中华书局，1977：14209.

③ （元）脱脱，等.宋史（卷四九三）［M］.北京：中华书局，1977：14175.

④ （元）脱脱，等.宋史（卷四九三）［M］.北京：中华书局，1977：14176.

⑤ （元）脱脱，等.宋史（卷四九四）　［M］.北京：中华书局，1977：14194 - 14195.

⑥ （元）脱脱，等.宋史（卷四九五）［M］.北京：中华书局，1977：14209.

⑦ 伍湛.土家族的形成及其发展轨迹述论［J］.贵州民族研究，1986（01），41 - 50.

流"。土司制从元延祐元年到废止，历时400余年，至此，土家族基本定型。

土司制之所以能够成为土家族史的一个特定阶段，既有统治者加强统治的原因，更是因其自身发展的需要：一是经济缘由，即商品交换需要由部落氏族内拓展到部落氏族外；二是政治缘由，即需要保持当时土家族奴隶制社会与中央王朝封建制社会之间的张力；三是社会缘由，族内婚向族外婚发展。土司制度的推行，恰好迎合了当时土家族社会的需要，如此，原本以夷制夷的治理政策很快成为土家族自身的上层建筑，并发挥了相应的历史作用。其历史作用之一就是促进了土家族社会由奴隶制快速向封建制发展。虽然不能否认土家族奴隶制社会内部孕育着封建制萌芽，但必须承认要是没有土司制的实施，土家族社会由奴隶制向封建制发展要缓慢得多。其历史作用之二就是使土家族得以定型，由一个不稳定的族群变成相对稳定的族群。在一定意义上说，土司制实施后所形成的一切客观条件，是土家族得以定型的"温床"。因为土司制使原有的几个或几十个羁縻州在地域上合并治理，进而在一定程度上消除了这时期部落与部落之间、部落联盟之间的各种壁垒，使人的社会活动在更大的场域范围中开展；进而伴随更大范围内人们活动的频繁展开，使原本"寨自为俗"的状况逐步向着同一化的方向发展。而语言的趋同、风俗的趋同又使得人们在文化心理不断同一化，如此，人们越来越聚成一个民族性的共同体。而这个民族性共同体在土司制不断强化下，又进一步聚成，最终定型下来。相反，那些曾经属巴人后裔的"开州蛮""信州蛮"，因不具备推行土司制条件而推行了郡县制或是流官制，最后融合于汉民族或是其他民族之中了。

当然，整个土家族地区并不是只一个土司，历史文献反映出湘、鄂、渝、黔四省市有数十个土司。而这些土司"虽受天朝爵号，实自王其土"，如此一来，土家族的发展呈现出大同小异的特点，尤其是文化上最为突出。所谓大同，即土家族人都敬奉土王，都信土老司，都说土家语，都过土家节，都跳土家舞，都穿土花布，都自认土家人。所谓小异，即内部发展有多型性。例如，土家族人都崇拜祖先、敬奉土王，但土王的具体偶像却有地域化特征。湘西州土家族敬奉"彭公爵主""田好汉""向大官人"三人①，秀山县土家族敬奉杨再思②，酉阳区土家族敬奉"冉宣慰""田宣慰""杨宣慰"三人，恩施州土家族敬奉覃、田、向三尊祖宗神③。又如土家族舞蹈，多数地区盛行"摆手舞"，但容美、忠孝等土司曾经管辖的清江一带却盛行"跳丧舞"，而重庆秀山却把摆手舞演化为今日的"秀山土家花灯"了。再如土家族婚姻形态，湘西、鄂西地区到改土归流时，氏族婚姻遗迹还有"骨种婚""坐床婚"④，而酉阳地区大江里、小江里一带，直至清朝末年，都还有"族内婚"遗俗，到民国初期才被禁止。

我们在肯定土司制历史作用的同时，也不能忽视其历史局限性。毕竟它是封建王朝的统治工具，目的在于"以夷制夷"。这一统治工具虽然消除了部落之间、部落联盟之间的壁垒，却在土司之间、土汉之间竖立起一道道壁垒，造成了"蛮不出境，汉不入峒"的境况，进而民族之间的各种交往深受限制，这在很大程度上阻碍了土家族地区的发展，甚至使整个民族长期处于贫困状态。

改土归流后，土家族进入"曲折前进"期。这一时期从雍正十三年算起，到新中国成立，共两百余年，其间有发展也有曲折。为何要改土归流呢？从统治者的角度来看，曾经的土司制业已从"以夷制夷"变为"以盗养盗"了，因为各土司：

---

① 汪明涵. 湘西土家概况［C］//中央民族学院研究部. 中国民族问题研究集刊（第四辑），1955：193.

② 秀山县志［Z］. 清光绪十七年本.

③ 中国地方志集成编委会. 中国地方志集成·湖北府县志辑3（第57册）［M］. 南京：江苏古籍出版社，2002：226.

④《永顺县志》载："雍正八年，知府革除土司积弊布告二十一条，其第八条曰：'禁止骨种坐床恶习。'"

　　僻在偏隅，肆为不法，扰害地方，掳掠行旅，且彼等互相仇杀，争夺不休，而于所辖苗蛮，尤复任意残害，草菅人命，罪恶多端，不可悉数。……欲安民，必先制夷；欲制夷，必改土归流……欲百年无事，非改土归流不可。（《清史稿·土司列传》）

　　而改土归流是清王朝自上而下强制推行的重大改革，涉及方方面面，对土家族地区的政治、经济、文化等方面都产生了极其重大而深远的影响：一是在土家族地区形成了地主制经济，"土司之官山，任民垦种"，地方政府发给执照，"永为世业"，如此，农民的生产积极性被调动起来，促进了生产发展；二是"蛮不出境，汉不入峒"的禁令被废除，伴随民族交往，汉民族的先进文化、先进技术不断传入土家族地区，民族文化不断交流、交融，土家族社会也开始新的移风易俗。例如《秀山县志》记有乾隆二年：

　　设县以后，吴闽秦楚之民，悦其风土，咸来受廛，未能合族比居，故颇杂五方之俗。其土著大姓，杨氏、田氏、吴氏、彭氏、白氏，或千家或数百家，亦皆错互散处，至其通族共事，相互亲睦，乃雍然有古风。（《秀山县志》）

　　《石柱厅志》记有当地土家族人民吸取汉族先进经验，改变了过去那种不事耕耨、"农不知粪，圃不知粪"的旧习①。不过，当时土家族地区的整体生产力水平仍然是低下的，"刀耕农当锈，火种野无收。灌溉难为力，荣枯只问天"（《酉阳民族成分普查资料》），便是当时土家族地区农业的真实写照。

　　改土归流仍然是中央王朝的统治工具，搞改土归流的目的，依然是

———————————

① （清）王萦绪. 石柱厅志［Z］. 乾隆四十年刻本.

要"制夷",是要瓦解"夷人",是要"变夷为夏",所以,他们推行强迫同化政策,如明令禁止土家族保有固有民俗,又如剃发易服,强制外貌上满族化,再如以"四书""五经"开科取士,总之使表征土家族的各种符号越来越少。没有认同民族的编码,何来认同民族的解码?特别是在民族歧视、民族压迫政策下,不少土家族人不敢承认自己是土家族的。

新中国成立后,土家族同其他民族一道步入了自身历史发展的新阶段。在新中国成立后不久,当时就有不少土家族同胞多次向中共中央及各级地方党政组织反映,要求承认土家族是一个单一民族。随后,中央及各级调查组的研究人员经过多次实地调查研究,先后写出了《湘西北的"土家"与古代的巴人》①《关于湘西土家语言的初步意见》② 及《湘西土家概况》③ 等论著,从各方面证明土家族是一个单一民族。据此,1956 年 10 月,经民族识别,中共中央确认土家族为单一民族。1957 年 1 月,中共中央统战部就电告湖南、湖北、四川、贵州四省人民政府,中共中央已确认土家族为单一民族了。同年 3 月 15 日,《光明日报》配发图文,简单介绍土家族。同年 9 月,"湘西土家族苗族自治州"成立。1983 年 8 月,"鄂西土家族苗族自治州"成立,1993 年 4月,更名为恩施土家族苗族自治州。其间还成立了一批自治县与民族乡。

二、文化的差异化生成

土家族形成与发展的过程,也是土家族文化得以形成与发展的过

---

① 潘乃谷,等.潘光旦选集(Ⅱ)[C].北京:光明日报出版社,1999.
② 彭继宽.湖南土家族社会历史调查资料精选[C].长沙:岳麓书社,2002.
③ 彭继宽.湖南土家族社会历史调查资料精选[C].长沙:岳麓书社,2002.

程，而特定的文化生态造就了与其他民族不一样的土家族文化。差异是绝对的，任何事物之间都存在着差异，文化亦是如此。文化的差异化生成，既源于自身生境又源于自身进化，前者体现文化差异的生成元，后者体现文化差异的生成性。①

文化与其他事物一样，其特征都是基于其"原初态"的种种因素。不同民族的文化之所以各具特色，也应该是基于其初始时期的主客观因素所造成的差异。我们之所以从"原初态"去探索文化差异，是为了探寻各种文化的根源，进而能更加清晰地认识各种文化延绵、发展到后世所呈现出的"当然"之"所以然"，从而思考各种文化的历史生成性。

首先需要说明的是，我们从"原初态"去探索文化差异，并不代表我们预设了某种自明性，然后用这种自明性去解释对象的存在和发展。事实上，任何事物都有其存在的"胚胎"———一种始源性的存在，始源和生成共同构成了事物的现实存在，它们是相互依存、共生互补的。换言之，我们从"原初态"去探索文化差异，只说明我们考察文化最初本质差异，而不是考察文化最终本质差异，我们是从文化的原生点去解读文化生长的密码，去寻找文化差异化发展的"元"。

文化的原初态差异，是由多种因素造成的，历史学家阿诺德·汤因比（Arnold Toynbee）认为，各个文明不是起源于单因，而是起源于多因，文明的起因不是一个统一的整体，而是一种关系②。美国学者埃尔曼·塞维斯（Elman Service）在其《文化进化论》中曾对技术决定论、地理决定论等不同动力论做过评述，也认为不存在一种"对整个人类社会都同样有效的唯一的决定因素"，而是多元因素共同作用且带有随

①　周忠华，向大军. 文化差异·文化冲突·文化调适［J］. 吉首大学学报（社会科学版），2011，32（02）：151 – 153.

②　阿诺德·汤因比. 历史研究［M］. 郭小凌，等，译. 上海：上海人民出版社，2000：73.

机性的。① 但不管怎样，这既有文化自身的内因，也有文化之外的偶然的其他原因。

首先，地理环境是造成文化原初态差异的自然基础。从自然界分离出来的人总是脱离不了自然对他的制约与规定，进而自然环境制约着人的初始选择。文化作为人类智慧的总和，从其产生起也就受自然地理环境的影响与制约。《犹太文明》的作者就认为：

> 迦南自然生态环境的特征，对犹太文明的形成具有特别重要的影响。②

阿诺德·汤因比认为：

> 就人类而言，决定的要素——对胜败举足轻重的要素——绝不是种族和技能，而是人类对来自大自然的挑战进行迎战的精神。③

钱穆先生在论述中国文化时，也有过相似的观点：

> 各地文化精神之不同，穷其根源，最先还是由于自然环境有分别，而影响其生活方式。再由生活方式影响到文化精神。④

显然，学者们都认为自然地理环境对文化原初态差异的形成起到了

---

① 埃尔曼·塞维斯.文化进化论［M］.黄宝玮，等，译.北京：华夏出版社，1991：17－28.
② 潘光.犹太文明［M］.北京：中国社会科学出版社，1999：6.
③ 阿诺德·汤因比.历史研究［M］.郭小凌，等，译.上海：上海人民出版社，2000：72.
④ 钱穆.中国文化史导论［M］.北京：商务印书馆，2003：2.

至关重要的作用。

其次，人的"自意识"是造成文化原初态差异的心理基础。人总是按照头脑中已存在的某种观念和欲求有目的地选择和改变现实。这种能动性是促使人进行文化活动的原动力和活动过程的主宰。人所创造的众多文化产品都是人所意识到的目的的实现。由于不同的人会有不同的且明显区别于其他人的审美观点、审美方式和价值观念，从而形成文化差异。正如黑格尔所说：

> 普遍而绝对的需要是由于人是一种能思考的意识，这就是说，他由自己而且为自己造成他自己是什么，和一切是什么。①

再次，生产方式是造成文化原初态差异的实践基础。生产方式是决定社会性质与面貌的根据，同样也是决定文化性质与面貌的根据。既然只有进行生产才有人和人的一切活动，也才有社会和社会的一切领域，那么社会生活的各个方面，包括人的文化，也只能根据生产方式所提供的基础和条件来建立，只能以同生产方式特点相适应的内容和形式出现。

我们对文化差异的理解，不仅从"原初态"去做静态考察，还需要从"生成性"做动态考察。如果单从"原初态"去考察，难免有本质主义的思维方式——主要是把事物当作一成不变的东西去研究；而事实上，本质主义思维方式与生成主义思维方式各有自己的适用域，它们共生互补，共同构成认识世界的两种最基本的思维方式②。生成主义思维方式认为"世界不是一成不变的事物的集合体，而是过程的集合体，

---

① 格奥尔格·黑格尔. 美学：第一卷 [M]. 朱光潜，译. 北京：商务印书馆，1984：38.

② 易小明. 本质的生成与生成的本质——本质主义思维方式与生成主义思维方式比较探究 [J]. 社会科学战线，2005（04）：282－285.

其中各个似乎稳定的事物以及它们在我们的头脑中的思想映象即概念，都处在生成和灭亡的不断变化中"①。卡尔·马克思（Karl Marx）认为：

整个所谓世界历史不外是人通过人的劳动而诞生的过程，是自然界对人说来的生成过程。②

弗里德里希·尼采（Friedrich Nietzsche）这样写道：

两种最伟大的哲学观点：生成、发展；生命价值观（但首先必须克服德国悲观的可怜形式）——这两者被我们以决定性的方式糅合在一起。一切都在生成，在永恒地回归。③

亨利·柏格森（Henri Bergson）指出：

对有意识的存在者来说，存在就是变易；变易就是成熟；成熟就是无限的自我创造。④

让－保罗·萨特（Jean－Paul Sartre）强调存在先于本质，解释学、科学哲学、语言哲学把解释、科学、语言置于特定历史情境来看待时，它们意欲表达的也是一种生成观念。

---

① 马克思，恩格斯.马克思恩格斯选集：第四卷 [M].北京：人民出版社，1972：240.
② 马克思，恩格斯.马克思恩格斯全集：第四十二卷 [M].北京：人民出版社，1995：131.
③ 赵修义.马克思恩格斯同时代的西方哲学 [M].上海：华东师范大学出版社，1996：154.
④ 亨利·柏格森.创造进化论 [M].姜志辉，译.长沙：湖南人民出版社，1989：10.

人与文化是直接同一的，而文化是由人所实践创造的，文化"是什么样的，这同他们的生产是一致的——既和他们生产什么一致，又和他们怎么生产一致"①。人们生产的目的是满足人的需要。需要的无止境决定着生产的无限性，需要的多样化决定着生产的差异性；生产的无限性意味着人处于永恒的生成过程中，生产的差异性也就意味着人是差异化发展的；人的生成性决定文化的生成性，人的差异化发展决定文化的差异发展。这也符合马克思所说的："整个历史也无非是人类本性的不断改变而已。"②

毫无疑问，文化是历史性生成和发展的。在宇宙生成的大视野中，生成演化是自然界和人类社会最普遍的现象。世界上各种不同的物质系统，都有"理一分殊"的规律。正是"分殊"，才生成今天纷繁的世界。单就文化而言，不管是普遍进化论或是多线进化论，还是文化生成涨落演化论③，都说明了文化具有生成性且是差异化发展的。

首先，人是未完成的存在，也是非特定化的存在，人与动物在生命意义上的本质不同首先是人的未完成性和非特定化，"人的非特定化是一种不完善，可以说，自然把尚未完成的人放在世界之中，它没有对人做最后的限定，在一定程度上给他留下了未确定性"④。人总处在未完成之中，人的生命处于不停息的变化之中。人的"未完成性"意味着人永远不会被完成，正如艾瑞克·弗罗姆（Erich Fromm）所说：

---

① 马克思，恩格斯. 马克思恩格斯选集：第一卷［M］. 北京：人民出版社，1995：25.

② 马克思，恩格斯. 马克思恩格斯选集：第一卷［M］. 北京：人民出版社，1995：138.

③ 李欣复. 文化生成涨落演化论——兼评文化进化论［J］. 淮南师范学院学报，2002（01）：1－5.

④ 米切尔·兰德曼. 哲学人类学［M］. 阎嘉，译. 贵阳：贵州人民出版社，1988：288.

个人的整个一生只不过是使他自己诞生的过程；事实上，当我们死亡的时候，我们只是在充分地出生。①

人的"非特定化"意味着人具有无限发展的可能性，人的生命总在不断生成新的生命，生命本身不是一个结论，而是一个历程，生命一直在产生意义，这些意义使生命成为一种有意义的、非确定的过程，使人的发展永远具有创造性和超越性，使人永远处在生成之中。由于人与文化是直接同一的，人具有未完成性和非特定化，因此，文化也就具有不可割断的历史的时间延续性，且呈现差异化发展。换言之，也具有未完成性、未确定性以及由此而具有的生成性。

其次，文化系统通过自组织形成超循环，一方面可保证信息传承的准确率，另一方面则可允许变异发生。金吾伦教授在《生成哲学》中专门论述了"突现即生成"的观点②。超循环论认为，循环性自组织系统的形式和演化是通过各种循环的形式展开的。分散的个体要素之间通过反应循环完成有序的初创，循环系统随其层次不断增加，从而趋向于更大的复杂性、组织性和有序性。超循环系统以循环作为子系统，并通过功能连接起来构成再循环，通过循环过程的进行，使系统具有自组织所需的全部性质，从而能够稳定有序地不断演化。超循环论强调系统内部的物质、能量和信息流动方式，而物质、能量和信息的流动方式必然与系统的组织结构相联系，表现为各要素和部分之间以超循环的形式形成高度整合和镶嵌，于是导致文化系统结构演化。根据自组织理论，此时文化系统内部的偶然性随机涨落将影响系统的演化选择，一旦选择了新的互规性，就完成了突变。

再次，文化的螺旋式发展正是相反相生，异质互补——正所谓

---

① 联合国教科文组织.学会生存［M］.北京：教育科学出版社，1996：197.

② 金吾伦.生成哲学［M］.保定：河北大学出版社，2000：166－185.

"一阴一阳谓之道"。这种螺旋式发展避开了"单向度"的形式逻辑，体现了涵容内在否定与自我发展机制的辩证逻辑。弗里德里希·恩格斯（Friedrich Engels）说：事物发展的辩证过程"按本性说是对抗的、包含着矛盾的过程，每个极端向它的反面的转化，最后，作为整个过程的核心的否定之否定"①。作为人的内在本质规定之一的文化即精神对象化为客观对象、人化自然，是客观性对主观性的否定，这是一次否定。经过这一次否定人还没有"自我完善"。虽然他的本质（主观）外化为人化自然（客观）了，但如果人不能控制、支配、享用这个外部客观的东西，那么人反而处于受控制、受奴役地位了，异化是其典型表现，为此，人需要对这个否定环节再进行一次否定，这次否定的结果是客观的东西能受主观的控制、支配，为主观服务。也就是说第一次否定造成了主观和客观的两极对立，第二次否定则达到了主观和客观的统一，即人造的东西能为人服务。这样人就达到"自我完善"了。人的本质既展开了，实现了，确证了，又能为人所支配、控制，即实现了自由。

对于文化差异的科学考察，我们的观点是，既要反对绝对的本质主义的思维方式，单从静态的"原初态"去考察，也要反对绝对的生成主义的思维方式，单从动态的"生成性"去考察，而主张二者的"有机"结合——因为"原初态"和"生成性"之间的关系就像本质与现象的关系一样，并不是相互分离的，而是相互联系、相互依存的。过分强调生成性，只有过程、只有差异、只有发展，就会使生成绝对化，这种绝对化方式在更高的方法论意义上同样是一种本质主义的思维方式。它表面上是把世界当作无本质规定的生成的流体，而实际上是把生成当作了世界、事物的本质，即世界的本质就是不断翻新地生成。过分强调原初态，只有凝固、只有既定、只有静态，就会使原初绝对化，这种绝

---

① 马克思，恩格斯. 马克思恩格斯选集：第三卷［M］. 北京：人民出版社，1995：483.

对化方式采取孤立原则，截断事物之间的联系，让"活物"变"死物"。

如果单方面考虑问题，都只是强调了一方面的重要性，抹杀了另一方面的价值，显然有失偏颇。"原初态"与"生成性"应该是一对矛盾的统一体，两者互为联系、互为依托，又相互作用，它们是辩证统一的。

首先，从"原初态"的内涵来看，它是指事物原先已有某种状态，这种带有"选择机制"的"自然状态"，是一种具有历史性的而不是"预设"的状态。这里需要强调的是，我们在"选择"时已经充分预估到事物的"生成"问题了，这就为文化差异的"生成"打下了坚实的基础。其实，文化差异的"原初态"在某种意义上也具有一定的"生成性"。如果我们要细究为什么"文化差异的'原初态'在某种意义上也具有一定的'生成性'"，那么正如雅克·德里达（Jacques Derrida）所说：

> 为什么总是从构成之物出发即从派生的产物出发我们才有可能追根溯源，回到构造性的起源，即达到最原初的因素？①

德里达借用芬克的话说，这是一条"考古学"的道路。

其次，我们来看看"生成性"的内涵。生成，一般来说是指起源、创世、创造、产生和发生。文化差异的"生成性"是指在"原初态"的前提下，在文化差异化发展的过程中由不同文化主体根据不同的境况自主选择的过程。如果"生成"没有"生成元"，它既无逻辑起点，又无事实根据。这里，"元"，始也。周易所谓"大哉乾元，万物资始"，

---

① J. Derrida. Le problème de la genèse dans la philosophie de Husserl ［M］. Presses Universitaires de France, 1990: 2.

乾元即创生万物之源，乾元之"元"意味着创始、创造；"至哉坤元，万物资生"，坤元为万物诞生之母，坤元之"元"代表"始生"。因此，"乾知大始"：乾"主""管"生之开始，可谓生命动力；"坤作成物"：坤承载一物之最终完成，谓生命载体①。

总之，从其生境来看，文化从其产生起，就始终深受自然的规约，即任何文化都是在一定的自然生境下形成和发展的。虽然"地理环境决定论"有失偏颇，但自然生境对一个民族的生产生活以及文化的影响是不可抹杀的，也是不能忽视的，特别是在一个民族的文化生发、形成的原初时期尤其如此。更为本质的是，社会生境对文化的差异生成起决定作用。任何一种文化都不是独立性的形式，而是进行物质性生产或物质性交往的人们在改变自己的现实生活的同时改变自己思维的产物。由此可见，生境对于文化形成和发展的影响既是原初的，也是根源性的。当然，从进化来看，文化如同其他事物一样存在着"理一分殊"的规律，正是"分殊"——文化系统的变异和道德观念的螺旋式发展——才生成今天纷繁的价值世界。

三、土家族的文化生态

既然我们承认文化的差异化生成，那么就有必要来考察一下土家族的文化生态，即土家族文化的生存背景和条件。土家族世居在由第一级阶梯向第二级阶梯过渡的武陵山片区，境内有乌江、清江、澧水、沅江、资水等大小河流，水绕着山，山依着水，区内森林覆盖率高，生物物种多样。正是在这样的自然生境中，土家族人形成了对自然生态系统的本质反应。而武陵山地区历来属于贫困地区。也正因为贫困，该地区一度成为一个让人失去"戒心"的地方。如此，土家族的文化生态可

---

① 周易［M］. 马恒君，注释. 北京：华夏出版社，2001：63－406.

从自然生境、经济生境、人文生境三个方面来加以描述。

（一）自然生境及其对土家族文化的影响

就土家族文化的自然生境来说，可用优美来称赞。这里山峦重叠，山高地险，群峰耸立，沟壑纵横，洞瀑相连，风景奇特。例如《楚庭稗珠录》中记有：

> 自武陵西皆滩河，其险恒心，其奇骇目，经缘梦山、明月池、白壁湾，因忆郦道元所称："颓岩临水，悬梦钓渚，渔泳幽谷，浮想若钟，风籁空传，泉响不断。形容曲肖。行数日，则所见愈多愈急……"

这里河多水复，乌江、清江、澧水、沅江、资水等大小河流穿境而过，滩多浪急。例如，沈从文在《湘西白河流域的几个码头》中记有：

> 白河多滩，凤滩、茨滩、绕鸡笼、三门、驼牌五个滩最著名。弄船人有两个口号："凤滩茨滩不为凶，上面还有绕鸡笼。"上行船到两大滩时，有时得用两条竹纤在两岸拉挽，船在河中小小容口破浪逆流上行。绕鸡笼因多曲折石坎，下行船较麻烦，一不小心撞触河床中的大石，即成碎片，船上人必借船板浮沉到下游三五里方能得救。①

又如，他在《湘西·沅陵的人》中记有：

> 沅水向沅陵下行三十里后即滩水连接，白溶、九溪、横石、青

---

① 凌宇．沈从文散文选［M］．北京：人民文学出版社，1982：243.

浪……就中以青浪滩最长，石头最多，水流最猛。顺流而下时，四十里水路不过二十分钟可完事，上行船有时得一整天。①

在青山绿水间，水绕着山，山依着水，为生物的生存提供了天然的环境，境内物种多样，就植物而言，土家族地区有大片大片的原始森林和原始次森林，在原始（次）森林中又有许多奇异珍稀的植物。例如，在湘西土家族苗族自治州就有20多种国家所列的保护树种。就动物而言，土家族地区存有金丝猴、秧鸡、猕猴、野鸡、鼯鼠、白鹇、黑熊、锦鸡、麝、石鸡、大小灵猫、竹鸡、大鲵等珍贵动物。在沈从文的文学作品中亦曾描写过生物多样性：

由沅陵沿白河上行三十里名"乌宿"，地方风景清奇秀美，古木丛竹，滨水极多。传说中的大酉洞即在附近……白河中山水木石最美丽清奇的码头，应数王村，属永顺县管辖，且为永顺县货物出口地方。夹河高山，壁立拔峰，竹木青翠，岩石黛黑。水深而清，鱼大如人。河岸两旁黛色庞大石头上，在晴朗冬天里，尚有野莺画眉鸟，从山谷中竹篁里飞出来，休息在石头上晒太阳，悠然自得啭唱悦耳的曲子，直到有船近身时，方从从容容一齐向林中飞去。水边还有许多不知名水鸟，身小轻捷，活泼快乐或颈脖极红，如缚上一条彩色带子，或尾如扇子，花纹奇丽，鸣声都异常清脆。白日无事，平潭静寂，但见小渔船船舷船顶站满了沉默黑色鱼鹰，缓缓向上游划去。傍山作屋，重重叠叠，如堆蒸糕，入目景象清而壮。②

这样的自然生境直接影响着土家族人的思维方式、生产方式和生活

_____

① 凌宇. 沈从文散文选［M］. 北京：人民文学出版社，1982：241.

② 凌宇. 沈从文散文选［M］. 北京：人民文学出版社，1982：242－243.

方式，进而影响着土家族的文化精神。一方山水养一方人。土家族人的生命存在及其优化，是离不开生于斯养于斯的这块土地的。如此，奇山异水的自然生境构成了土家族文化世界的环境和基础：一是群峰竞秀、江河逐流、万木争荣、百兽争胜的生境，造就了土家族人无论在任何一种困境下都能顽强地活下去的生命意识，如此，土家族文化注重生命的存在和生命的雄强。二是山水一体、自然天成的生境，造就了土家族人无论在任何条件下都亲近自然的生态意识，如此，土家族文化注重人与自然浑然一体。三是雄奇幽野、神秘诡谲、巫风巴雨的生境，造就了土家族人的奇思妙想，如此，土家族文化注重原始性和神秘性。

（二）经济生境及其对土家族文化的影响

时至今日，土家族世居的武陵山片区仍是全国 14 个集中连片特殊困难地区之一。可以说，千百年来，贫困是压在土家族人肩背上的重担，更像是常伴左右的随影。如此，摆脱贫困成为历代土家族人的夙愿。

武陵山片区虽然适于农作物生长，但农业生产技术历来是十分落后的。例如，《史记》中记载东汉时土家族先民"烧草下水种稻，草与稻并生，各七八寸，因悉芟去，复下水灌之，草死独稻长，所谓火耕水薅"。《永顺府志》亦记载有"于二、三月间薅草伐木，纵火焚之，冒雨锄草播种，熟时摘穗而归"①。这种刀耕火耨的生产方式，加之"地薄，寡于积聚"，不可能提高产量，如此，先民们还得以食杂粮充饥。《蜀中广记》记有："三峡两岸，土石不分之处，皆种燕麦。春夏之交，黄遍山谷，土民赖以充食。"因此，在土家族地区先民主要是以渔猎为主，农耕为辅。直至宋元时期，渔猎生产都还是土家族人的主要生产方式。南宋《老学庵笔记》曾记载当时辰州"皆焚山而耕，所种粟豆而

---

① 中国地方志集成编委会. 中国地方志集成·湖南府县志辑 3（第 68 册）［M］. 南京：江苏古籍出版社，2002：352.

已，食不足则猎野兽，至烧龟蛇而啖之"。到了明清时代，仍有大量关于土家人"喜渔猎"的记载。明天顺年间《大明一统志》记载有永顺土家族先民善"刀耕火种，渔猎养生"。万历年间《广志绎》也记载有永顺、保靖土家族先民"居常则渔猎腥膻，刀耕火种为食"。土家族地区之所以会长期处于这种半农耕半渔猎的经济状态，除了生产技术不发达之外，还受其他因素影响，一是山地多石，土层不厚，多为"靠天田"；二是统治阶级压迫、剥削；三是生计方式落后。新中国成立后，土家族人同其他民族一同进入社会主义社会，并乘改革之东风，在全面建成小康社会的大道上奋进。

贫困的经济生境，对土家族文化主要产生四个方面的影响。一是铸塑了土家族人以生存为第一要务的勤劳务实之美德。经济贫困，生活艰辛，生存便是第一要务。为了生存和发展，在极其艰苦的环境中，必须日出而作、日入才息，必须向自然生境要生存。二是铸塑了土家族人雄强蛮悍的进取精神。由于山川险阻，土地硗瘠，加之交通不便，物产不丰，正如《大明一统志》所记载的，"地瘠民贫，重本力穑，风俗朴野，服食俭陋……俗有夏、巴蛮夷，就水造餐，钻木出火"，如此，必须有雄强蛮悍的进取精神，才能战天斗地，保存生命。而勤劳务实之美德和进取精神，在互帮互助的生产方式的强化下，进而形成一种超拔个体利益的伦理意识，使整个民族在应对严峻的生存环境时表现出强大的凝聚力来。三是造就了土家族文化的守成性。土家族地区长期处于半农耕半渔猎的经济状态中，在这种自然经济下形成的文化往往是保守受动的，如果没有一种处于高势位的外来文化与其形成一定的张力，是难以产生历史进步性的。例如，楚文化与土著文化、巴文化相交流、交融；改土归流后，汉文化与当时的土家文化相交流、交融，才促进土家族文化向前发展。四是经济上贫困加之文化上守成，更容易使其蕴含着原始性和神秘性。所以现在土家族仍保留着较多原始社会和上古社会的遗风。

（三）人文生境及其对土家族文化的影响

正如前面说过的，正因为贫困，土家族地区一度成为一个让人失去"戒心"的地方。如此，土家族社会的人文生境可以说是非常宽松的。

从土家族的形成和发展来看，在改土归流以前，历代封建王朝对土家族实施"以夷治夷"的羁縻政策，例如，在秦王朝实施以"巴氏为蛮夷君长"的地方管理，到唐宋时期实施羁縻制度，再到元明至清初期实施土司制度。这种"以夷治夷"的羁縻政策长达两千年，进而也就使土家族在中央王朝大一统专制下有了自己的内部自由。但这种政治环境的宽松是相对的，即此种宽松是建立在民族受压迫、受剥削的基础上，与镇抚相加的政策相呼应的宽松，换言之，此种宽松是一种被迫的被动的宽松。新中国成立后所实施的民族区域自治制度，才是一种真正意义上的宽松，一种建立在民族平等、民族团结基础上的宽松。政治环境的相对宽松，又促进了族际环境的宽松。在土家族世居的武陵山片区，各族人民长期大杂居小聚居，各民族互相兼容，和睦相处。即便是改土归流后，大量汉人入峒，各族人民依旧互相兼容、和睦相处。例如，土家族自称"毕兹卡"，意为"本地人"；而称苗族为"白卡"，意为"邻居"；称汉族则为"帕卡"，意为"客家人"，就是很好的例证。

这种宽松的人文环境，一方面有利于保留文化的民族特色，另一方面有利于促进多元文化的交流交融，这是一个问题的两个方面，是对立的统一。从保留文化的民族特色来看，一是有自己的民族语言，现在还有30多万土家族人用民族语作为内部的交流工具，主要集中在湘西土家族苗族自治州龙山县、永顺县、保靖县，恩施土家族苗族自治州来凤县、利川市，重庆的酉阳区、秀山县。二是有自己的民族节日，土家族现在还过赶年，过六月六，过社巴节。三是有自己的民族饮食，土家族的独特食品和饮料主要有过年糍粑、油炸团馓、火炕腊肉等。四是有自己的民族居住方式，特别是依山而建、占天不占地的"吊脚楼"。五是有自己的民族服饰，今只有部分老人和妇女仍习惯穿着用"西兰卡普"织的满襟衣。六是有自己的民族文化艺术，"西兰卡普""土家镏子""咚咚喹"，《龙船调》《摆手歌》《梯玛歌》《哭嫁歌》《丧鼓歌》《摆手舞》《毛古斯舞》《八宝铜铃舞》，从歌到舞，从器到乐。七是有自己的民族农事，特别是"薅草锣鼓"和聚众"赶仗"，众人皆知。八是有自己的民族信仰，他们敬奉土王，相信梯玛。正是这样，土家族人有着特别强烈的民族意识，而从多元文化的交流交融来看，土家族在文化的交流互动过程中愿意较多地接受兄弟民族的文化。

第二章　土家族传统伦理文化略论

土家族世居武陵山片区，相对宽松的政治环境和族际环境，促进了其与兄弟民族长期交往，汲取兄弟民族的文化，尤其是宋代以降中央王朝在土家族地区开办汉学，使汉民族文化得到广泛传播，因此土家族的文化得到飞跃性发展。灿烂的文化铸造了土家族伦理文化。全面地探索土家族伦理文化的有机构成、生长过程以及发展脉络，并由此总结出土家族传统伦理文化的基本特征，是我们研究该课题的基础性工作。

一、土家族传统伦理文化的多元源流

正如土家族是由多种民族直系融合而成的"集合民族"一样，土家族伦理文化也是多元一体的。经过同兄弟民族（伦理）文化"接触、混杂、联结和融合，同时也有分裂和消亡，形成一个你来我去、我来你去，我中有你、你中有我，而又各具个性的多元统一体"①。它是以原始土著的伦理精神为底色，集巴文化伦理精神、楚文化伦理精神和汉文化伦理精神于一体的民族伦理文化。

（一）原始土著的伦理精神

根据考古的发现，土家族世居的武陵山片区在旧石器时代，其文化

---

① 费孝通. 中华民族多元一体格局［M］. 北京：中央民族学院出版社，1989：1.

发展是非常缓慢而落后的。例如，1987 年以来考古工作者在五溪流域发现多处旧石器文化点，其中经北京大学吕遵锷教授鉴定并建议命名的沅水文化就是一个典型。从出土文物来看，多以砾石砍砸器为主，这说明土家族先民在当时处于一种采集渔猎而食、构木为巢而居的生活状态①。进入新石器时代，土家族先民的思维水平有了较高水平的发展，产生了自然崇拜、祖先崇拜与生殖崇拜，从浦市遗址、青云包遗址可以看到出土有较多与图腾有关、与生殖有关的陶塑。而自然崇拜、祖先崇拜和生殖崇拜则反映出土家族先民们实践把握自然、把握人自身、把握宇宙的创造精神。辰溪县张家溜商代遗址标志着土家族先民在生产力方面进入了青铜时期。这些不同历史时期的文化，共同构成了土家族原始土著对自然、对人实践把握的底色。

（二）楚文化伦理精神

楚人立足于江汉大地，在地域上介于东西南北之间，如此，长期处于非华夏非蛮夷而又华夏又蛮夷的环境之中。说其为华夏，不仅是荆蛮土著认为楚人代表着华夏势力，而且楚人也以华夏自居。例如，《史记·楚世家》曾记载有：

> 成王恽元年，初即位，布德施惠，结旧好于诸侯。使人献天子，天子赐胙。曰：镇尔南方夷越之乱，无侵中国。于是楚地千里。

说其为蛮夷，是在楚人与周王朝发生矛盾时，楚人又以蛮夷自称。如《史记·楚世家》亦记载有：

---

① 周明阜. 湘西先秦考古文化的多元性建构探讨［J］. 吉首大学学报（社会科学版），1993（04）：71－79.

　　熊渠生子三人。当周夷王之时，王室微，诸侯或不朝，相伐。
熊渠甚得江汉间民和，乃兴兵伐庸、杨粤，至于鄂。熊渠曰：我蛮
夷也，不与中国之号谥。乃立其长子康为句亶王，中子红为鄂王，
少子执疵为越章王，皆在江上楚蛮之地。

　　正是因文化上兼得华夏与蛮夷两大因素，能够博采众长、兼容并
包，故而楚文化能够超越所汲取之民族而不至于落入任何一种传统文化
的旧穴之中。如此，造就了楚文化多元开放的品格。

　　楚文化传入土家族地区大约是在春秋初期。由楚人首领蚡冒进取黔
中郡之后，特别是公元前 523 年楚平王率"舟师以伐濮"之后，当时
先进的楚文化在土家族地区产生了强烈的影响。到公元前 223 年秦王翦
虏楚王负刍而楚亡止，楚文化对土家族社会的影响前后持续三百年之
久。据考古资料，现湖南省溆浦县马田坪一带先后清理出楚人墓葬 58
座①，湖南省辰溪县米家滩一带先后清理出楚人墓葬 38 座②，湖南省保
靖县四方城先后清理出楚人墓葬 12 座③，湖南省古丈县白鹤湾一带先
后清理出楚人墓葬 54 座④，湖南省龙山县里耶一带先后清理出楚人墓
葬 51 座。这些墓葬中出土的器物以陶器居多，铜器次之。这些信息告
诉人们，大量楚人进入土家族地区，其文化的影响是深远的。

　　楚文化有着什么样的伦理精神呢？

　　一是非华夏非蛮夷而又华夏又蛮夷的民族环境和历史处境所造就的

---

① 熊传新，等. 湖南溆浦马田坪战国西汉墓发掘报告［J］. 湖南考古辑刊，1984
　（00）：38 - 69，15 - 16.

② 陈启家，向开旺. 米家滩战国墓发掘简报［J］. 湖南考古辑刊，1987（00）：33 -
　47，3.

③ 邢敏建. 湘西保靖县四方城战国墓发掘简报［J］. 湖南考古辑刊，1986（00）：
　122 - 126.

④ 吴铭生，贺刚. 古丈白鹤湾楚墓［J］. 考古学报，1986（03）：339 - 360，397 -
　400.

兼容并包精神。这种精神不仅使楚人极少存在民族偏见，民族政策非常开明，在楚人所治理的疆域内基本上没有发生民族性的叛乱，而且以博大的胸怀包容一切有生机的文化，如楚人的文字由商人创造、周人发展而来，巴人和越人的民歌常在楚人的文学作品中，扬越的冶炼术、吴越的铸造术都为楚人所汲取。所以鲁迅先生对楚文化曾评价道：

> 楚虽蛮夷，久为大国，春秋之世，已能赋诗，风雅之教，宁所未习，幸其固有文化，尚未沦亡，交错为文，遂生壮采。①

二是江河纵横、湖泊棋布的自然生境造就了楚人强烈的自我中心意识。梁启超先生曾为南北文化立言，说：

> 北地苦寒硗瘠，谋生不易，其民族销磨精神，日力以奔走衣食，维持社会，犹恐不给，无余裕以驰骛于玄妙之哲理，故其学术思想，常务实际，切人事，贵力行，重经验，而修身齐家治国利群之道术最发达焉。惟然，故重家族，以族长为政治之本，敬老年，尊先祖，随而崇古之念重，保守之情深，排外之力强，则古昔称先王，内其国，外夷狄，重礼文，系亲爱，守法律，畏天命，此北学之精神也。南地则反是，其气候和，其土地饶，其谋生易，其民族不必一身一家之饱暖是忧，故常达观于世界之外，初而轻世，继而玩世，既而厌世，不屑屑于实际，故不重礼法，不拘拘于经验，故不崇先王，又其发达较迟，中原之人常鄙夷之，谓为野蛮，故其对于北方学派，有吐弃之意，有破坏之心，探玄理，出世界，齐物

---

① 鲁迅. 汉文学史纲要［M］. 上海：上海古籍出版社，2005：17.

我，平阶级，轻私爱，厌繁文，明自然，顺本性，此南学之精
神也。①

梁启超先生的立言，也说明了地理环境是造成文化原初态差异的自
然基础，在江河纵横、湖泊棋布的江汉大地上，楚人在当时的历史条件
下，不便的交通条件，阻碍了人际交往，也就阻碍了文化交往，如此一
来，通脱自然也就意味着远离礼教宗族，进而培养了楚人的自我中心之
意识。所以，人们可以从庄子的论著、屈原的诗歌、楚国的帛画，审读
出人的主体地位和中心意识，审读出自我价值实现的崇高境界。

三是始于仿造、继而改作、终于别创的创造精神。楚人不拒绝模
仿，总汲取众人之长补自己之短，但也从来不满足于模仿，总是在模仿
中创新。例如前面提到的铸造工艺，扬越的冶炼术、吴越的铸造术都为
楚人所汲取。又如住房，楚人把北方的土筑和南方的木构融会起来发明
了层台累榭。

四是基于前面三者，又造就了楚人的思辨与批判精神。例如，《老
子》五千言，《庄子》若干寓言，《天问》170 多个疑问，无不以思辨
精神、怀疑精神、否定精神、批判精神来讨论认识论、自然观和社会观
等哲学命题。

（三）巴文化伦理精神

从族源的意义说来，土家族虽然不都是巴人的后裔，但土家族的主
源却是巴人；巴人虽然不都是土家族人的先祖，但巴人的主流却是土家
族人。如此，巴文化对土家族的影响是非常大而深远的。而从文献记载
来看，巴文化有巴国文化与巴地文化之分。巴国文化是指"巴"这个
古国的文化，巴地文化是指以长江三峡渝东鄂西为中心的古文化。因为

---

① 梁启超. 论中国学术思想变迁之大势［M］. 上海：上海古籍出版社，2001：25 -
26.

《华阳国志·巴志》中记载有"黄帝，高阳之支庶"，《山海经·海内经》记载有"西南巴国"，《山海经·海内南经》却记载有"丹山之巴"，而《世本》所载的是"廪君之巴"，于是形成了有"宗姬之巴、廪君之巴、宗贝国巴夷之巴、枳巴、楚威王所灭之巴"等多种认识。①在战国时期，由于巴国征迁至西陵峡、巫峡、夔峡及渝东地区，其势力"东至鱼腹，西达僰道，北抵汉中，南极黔溶"（《华阳国志·巴志》）之时，巴国文化和巴地文化才真正统一起来，形成一种具有自身特征的区域文化。

从生活方式及物器文化来看，巴人以农耕为主，兼及渔猎，与此相适应，生产工具、生活器皿多为竹木器具，如竹瓢、木瓢、背篓、箩筐、木盒、水桶等，带有明显的农耕文化特征，而巴式剑、弩、箭、木船、陶器等器物都带有明显的渔猎文化特征。随着时代的绵延，在土家族人那里，一是形成了"喜渔猎"的行为方式，进山"赶仗"、下河捕鱼业已成为他们的生活情趣；二是形成了重农轻商的观念，男耕女织，"终岁无旷土，亦无游民"（《来凤县志》），"稼穑之外，不事商贾"（《永顺县志》）；三是形成了安土重迁的心理，将栖居地视为乐土，不愿迁徙他地，正如竹枝词所描述的："问是桃源君信否，出山人少进山多"；四是形成了朴实淳厚的民族情感，而且是入山越深，其淳越浓。

从图腾信仰文化来看，巴人把对廪君的敬爱转移到白虎身上，视白虎为图腾。这种对白虎的崇拜渗透在生产生活方方面面，如巴人所用器物多刻有虎纹，小孩衣物多绣有虎形图案。土家族人继承了巴人的白虎信仰，例如，依然祭祀白虎，只是在活动中稍有些变化：一是把原来的白虎神改称为白帝天王，二是由原来的人祭变为牲祭。又如，为新生儿制作虎头帽、虎头鞋。再如，西兰卡普的"台台花"排列成"虎

---

① 段渝. 先秦巴文化与巴楚文化的形成［J］. 华中师范大学学报（人文社会科学版），2004（06）：12－19.

形"纹。

从民族性格文化来看，巴人的民族性格可谓是剽悍、劲勇。文献资料记载有几处说明巴人是非常剽悍、劲勇的，例如说板楯蛮"以射虎为生，其人勇敢善战"；再如说周武王伐纣成功，"实得巴蜀之师"，因为"巴师锐勇"；又如说巴人"刚勇生其方，冈徭尚其武"。巴人这种剽悍、劲勇的性格，既受其生存环境影响，又因其生活方式决定。巴人长期居住在山重水复、山深林茂的武陵山片区，在这样的生境中，又以农耕渔猎为主要生计，如此一来，为了生存发展必须上山下河同猛兽、同荆棘、同险流做斗争，长此以往巴人养成了勇敢顽强的精神。土家族人继承了巴人的民族性格。不仅文献资料记载着"永保土人，劲勇好斗"（《苗防备览》），而且抗倭、援辽、平叛等史实也说明土家军确实是"国家倚之为重"（《明史·湖广土司传》）。

有这样特征的巴文化又有着什么样的伦理精神呢？一是有尚武忠国之精神。例如，《华阳国志》引用《尚书》所言："賨人天性劲勇。"而曾超在其博士学位论文中称巴人尚武，具体举证有三：第一，廪君、盐神、巴蔓子、范目、田强、相单程、覃儿健、李特等巴人首领多具强烈武性；第二，巴歌、巴舞、巴乐、白虎崇拜等巴人的节日礼俗深具武性；第三，助黄帝逐鹿中原、助启攻益帝位之争、五姓之争、巴蛇吞象、巴方抗强殷、牧野兴师、争衡列国、白虎为害、平定三秦、讨伐羌乱、反汉斗争、李雄开国、江淮大乱等军事活动也体现了巴人尚武精神①。

二是有信义之精神。巴人有勇也有义，是义勇兼具。例如，《华阳国志·巴志》曾记载巴蔓子为平定内乱特向楚国请求军援，并答应叛乱平定之后割城池作为答谢，然而叛乱平定之后，巴蔓子却无法割城池，这是对起初承诺的失约，于是果决自刎授头，以生命答谢楚国的军

---

① 曾超. 巴人尚武精神研究 [D]. 北京：中央民族大学，2005.

援。对于此举动，历史上评价道：巴蔓子应变以权是智，自刎授头是勇，以命偿城是信，舍身爱国是忠①。

三是有自强之精神。从生存环境来看，巴人于外曾经面临着被商、周、秦等大部族征战，于内又面临着险恶的自然环境和艰苦的生活条件，如此，为了求得生存，必须自强不息，在奋斗中坚信自我、发展自我。进而，在渔猎业、农业、建筑业、铸造业等方面都取得了在当时生产力条件下的辉煌成就。这就足以说明巴人具有不畏艰辛、自强不息、奋发进取的精神。

（四）汉文化伦理精神

汉文化对土家族社会的影响从东汉以后得到不断加强。例如，史料记载，在东汉光武帝建武年间，中央王朝在土家族地区建立汉学，以改变"其俗少学者而信巫鬼"（《舆地纪胜》）的社会面貌。到东汉桓帝永兴年间，武陵郡太守则在武陵郡"兴学校举侧陋"（《东观汉记》）。再到东晋时期，南郡、巴东等地又成为司马睿的军事重镇，汉族军队长驻于此，与土家族人彼此往来，互相影响。至隋王朝，军队散布在土家族地区一些军事重镇，土家族人学习汉文化，可谓是蔚然成风。进而到唐王朝初期，中央对土家族巴酉长子弟开始"量才授仕"，例如，田世康被唐王朝任命为黔州的第一任刺史；田英被唐王朝任命为溪州刺史，进"上柱国"（《舆地纪胜》）。到宋代后，已有部分土家族人能用汉文字著书立说，例如，富州刺史向通汉将《五溪地理图》献给宋真宗，表示效忠朝廷；詹邈在宋哲宗元祐三年喜中进士。这就从一个侧面说明了在宋代业已有学习汉文典籍较好的土家族文人和官员了②。到了元明时期，中央王朝对土家族地区不仅实施土司制以加强政治控制，还通过

---

① 李万斌. 巴文化内生力及其现实意义研究——兼论对川东北特色文化旅游发展的激活作用［J］. 中华文化论坛，2015（12）.
② 曾国荃.（光绪）湖南通志：卷八二　武备·苗一［M］. 清光绪十一年刻本.

设立学校、下令入学等措施进一步加强文化控制。例如，明太祖朱元璋下令"诸土司皆立县学"，明孝宗下令土司、土官子弟，不入学者，不准承袭官爵①。到了明神宗时期，土家族地区开始设立书院，例如湘西永顺老司城设立的若云书院，湘西吉首设立的潕溪书院，重庆彭水县的摩云书院、丹泉书院、汉葭书院、江华书院、鹿山书院，重庆酉阳县龙池书院、钟灵书院、西西书院、龙潭书院，重庆黔江区的三台书院、墨香书院、丹兴书院，重庆石柱县南宾书院、华祝书院，重庆秀山县凤鸣书院，恩施的宾兴书院、南郡书院，铜仁的铜江书院、为仁书院、明德书院、镇东书院、斗坤书院等。书院的兴建，使土家族人大量接受汉文化的影响。到了改土归流后，由于汉人大量涌入土家族地区，汉文化在土家族地区影响日甚。清末民初，土家族地区兴建新式学校。新中国成立后，汉文化在土家族地区更是得到了广泛的流播。

对土家族人影响时间久、影响力大的汉文化有着什么样的伦理精神呢？吴灿新教授把它概括为四个方面②。一是家庭主义精神。因为家庭制度是中国传统社会的基础，在一个宗法制度的社会里，定会生发出家庭主义精神来，其外化便是对家庭的孝，对国家的忠，对社会的整体主义。当然这种孝亲观念对于协调人际关系、保障家族和睦、弘扬爱国主义精神、弘扬奉献精神是有积极意义的，也对巩固宗法社会和君主专制、扼杀人的个性发展起到推动作用。

二是中和主义精神。在重视人际关系、人与自然关系和谐相处的过程中，中和主义发展起来了，特别强调中庸之道，强调和为贵的理念。具体说来有三：第一是要有戒惧、谨慎的态度；第二是不偏不倚；第三

---

① 张廷玉，等. 明史：卷三 太祖纪三［M］. 北京：中华书局，1974：106.
② 吴灿新. 中华民族若干传统伦理精神论略（之一）［J］. 探求，1998（04）：33－36.
吴灿新. 中华民族若干传统伦理精神论略（之二）［J］. 探求，1998（05）：48－51.

是在处理人与己的关系时保持节制。这种伦理精神，于正面意义说来，使整个民族注重和谐局面的实现，强调大同观念与和平主义，塑造了兼容并包的胸怀；于负面意义说来，突出中庸手段，造就了软弱和牺牲的一面。

三是情感主义精神。由于特别注重和谐，所以特别强调以"礼"为准绳，以情感为纽带。这种情感主义满足了人性的一面，让人与其他存在物充满温情，突出了人与人、人与自然的情感需求，增强了人与人之间的凝聚力，也增强了人与自然之间的和谐度。但情感主义也使情感抑制了理性，以情感替代了原则，更是让情感超越了法治。

四是尚义主义精神。既然传统伦理精神中特别注重情感，那么道德的价值必须会体现出尚义精神来。一是重义轻利。正如董仲舒立言："正其谊不谋其利，明其道不计其功。"二是将家庭中的孝转移为政治中的忠，用"尊"与"亲"来维持政治秩序中的尊卑有别、上下有等，以及社会交往中的兄良弟悌、夫义妇听、朋诚友信。这种精神把人生的价值与向上向善的追求紧密联系在一起，重视用正当手段追求合理利益，也突出德政一体。但消极影响也有：第一，体现在重农抑商的国策上，阻碍了经济的发展，进而导致了生产力的落后；第二，导致了泛道德主义倾向，进而使社会出现了人治状况；第三，让社会表现出片面的义务论，否定了人的合理合法利益。

汉文化虽说对土家族人的影响时间很长，影响力也很大，但并没有入主土家族文化，因为它的影响主要集中在上层文化而非下层文化、集中在物质文化而非风俗文化、集中在制度文化而非心态文化。

二、土家族传统伦理文化的历史演进

对于伦理文化具体的历史演进过程，学界一般都是在编年史或者"历事结构"的意义上展开讨论的，大体上可以划分为先秦、秦汉、魏晋、隋唐、宋明、清代、近代、现代。但民族伦理文化的演进除了基于自身因素以外，还因受到族际交往的影响，特别是因战争征服或是因战争而迁徙或是中央政权实施相应民族政策的影响，其变迁的具体历程与文化的变迁有明显的差异性，既有自己的历史突显期，又有自己的历史凸显期。例如，土家族伦理文化的变迁，从廪君时代到巴国自成一体的伦理文化，经羁縻时期的伦理文化，到土司时期的伦理文化，再到"改土归流"时期的伦理文化，直至马克思主义中国化时期的伦理文化。这一历史进程既是从传统走向现代的过程，又是民族精神与时代精神不断相融合并发展的过程。

（一）廪君时期的伦理文化

据《世本》所载：

　　廪君之先，故出巫诞。巴郡南郡蛮，本有五姓：巴氏、樊氏、晖氏、相氏、郑氏，皆出于五落钟离山。其山有赤黑二穴。巴氏之子生于赤穴，四姓之子皆生黑穴。未有君长，俱事鬼神，乃共掷其剑于石，约能中者，奉以为君。巴氏子务相乃独中之，众皆叹。又令各乘土船，约能浮者，当以为君。余姓悉沉，惟务相独浮，因共立之，是为廪君。乃乘土船从夷水至盐阳。盐水有女神，谓廪君曰："此地广大，鱼盐所出，愿留其君。"析廪君不许。盐神暮辄来取宿，旦即化为虫，与诸虫群飞，掩蔽日光，天地晦冥。积十余日，廪君思其便，因射杀之，天乃开明……廪君于是君乎夷城，四姓皆臣之……廪君死，魂魄世为白虎，巴氏以虎饮人血，遂以人祠焉。

人们可以从这个朴素并带有传奇色彩的故事中读出以下信息：一是土家族先民巴人鼻祖——廪君的起源，出巫诞；二是廪君是如何被推举为氏族联盟酋长的，即巴氏与樊氏、曋氏、相氏、郑氏通过比剑击石唯独其中、乘坐土船唯独其漂，而被其他四姓推选为"君"，四姓为"臣"；三是廪君率樊氏、曋氏、相氏、郑氏向盛产鱼盐的清水江一带艰辛迁徙并战胜女性氏族酋长盐神；四是巴人开始信仰白虎图腾。这些信息中有两条特别重要，一是这里的君臣关系为一种氏族联盟关系，二是父系氏族取代母系氏族。如此，就与经典作家五形态理论所划分的原始社会基本上能对应起来。那么，这一时期的伦理文化大致就有如下特征：

第一，"部落、氏族及其制度，都是神圣而不可侵犯的，都是自然所赋予的最高权力，个人在感情、思想和行动上始终是无条件服从的"[①]。因为在原始社会，生产工具极其简单，天然的生产力主要是自然生境和氏族部落，人们必须集结成一个整体，共同占有、使用十分有限的生产资料，并以平等的身份相互协作、共同劳动，以获取生存所必需的物质资料和共同抵御他者的侵扰。如此，置身于这个集体中，每一个成员都没有能力脱离它，相反必须紧密地团结在一起，氏族部落一旦瓦解，便意味着个体的消亡，要么消亡于恶劣的自然中，要么消亡于氏族部落的战争中。当然，在这个集体中的每一个成员的权利与义务是高度统一的，没有阶级划分，所谓的"君"是被推选出来负责管理本氏族部落或者氏族部落联盟的公共事务的首领而已。首领的管理权力往往以其有无德行为转移。巴氏之所以推选为廪君，就是因为其德行良好。

第二，人们的伦理关系简单，道德观念贫乏且含混。人的一切观念及其思维都是时代的产物。在廪君时期，由于人们的语言文字不发达，思维尚处在原始社会阶段，如此，只能从感觉或者是感情上直观地对他人、对自己的德行做出相应的评价或是判断。直观地评价与判断，反映

---

① 马克思，恩格斯. 马克思恩格斯选集：第四卷［M］. 北京：人民出版社，1995：94.

出当时人们的道德思维与道德观念是非常贫乏且含混的。正是因为直观地评价与判断，当时人们的伦理关系多限于好与坏这样简单的评判中，包括人与非人存在物之间伦理关系的评判亦是如此。巴氏与樊氏、瞫氏、相氏、郑氏之间的结盟，巴氏率樊氏、瞫氏、相氏、郑氏征战盐水女神，只是考虑了共同利益——生存这一层面的伦理道德问题，并没有考虑由此延伸或是衍生的其他伦理道德问题，例如战争的正义性。

第三，道德调节具有明显的外在性和权威性。正是由于当时人们的伦理关系简单、道德观念贫乏且含混，当出现道德冲突、面临道德抉择时，道德调节往往需要依赖外在力量——神灵等来加以警戒和惩罚，即便是对其他氏族部落发起战争，也往往借神灵的名义。如此一来，禁忌、宗教仪式通常成为伦理道德调节的基本手段。正如列宁所言：

> 公共联系、社会本身、纪律以及劳动规则全靠习惯和传统的力量来维持，全靠族长或妇女享有的威信或尊敬来维持。①

信仰白虎图腾就是巴人进行伦理道德调节的一种手段。

（二）巴国时期的伦理文化

马克思曾说：

> 现代家庭在萌芽时，不仅包含着奴隶制，而且也包含着农奴制，因为它从一开始就是同田野耕作的劳役有关的。它以缩影的形式包含了一切后来在社会及国家中广泛发展起来的对立。②

---

① 列宁. 列宁选集：第四卷［M］. 北京：人民出版社，1995：44－45.
② 马克思，恩格斯. 马克思恩格斯选集：第四卷［M］. 北京：人民出版社，1995：55.

既然是父系（廪君）家长制战胜了母系（女神），就可能产生奴隶制或者是农奴制。为什么用"或者"一词呢？因为原始社会的解体，并不一定完全按照五形态理论一成不变地进行社会形态更替，它并不排除因为某种外因和内因的共同作用下跨越卡夫丁峡谷的可能，即不经过奴隶制社会而直接向封建社会过渡的可能。廪君时期过后，所出现的巴国究竟是奴隶制社会，还是封建领主社会呢？学术界一直存在论争。李学功教授认为"奴隶制在巴国的任何时期，在巴境的任何地区，都不曾成为占主导地位的"①，唐嘉弘教授也认为"巴国的国家性质有可能是封建领主制的国家"②。但是绝大多数学者认为殷周之际巴国进入了奴隶社会。根据《华阳国志·巴志》所载：

> 周之季世，巴国有乱。将军有蔓子，请迎子楚，许以三城。楚王救巴。巴国既宁，楚使请城。蔓子曰："藉楚之关，克弭祸难，诚许楚王城，将吾头往谢之，城不可得也。"乃自刎，以头授楚使。王叹曰："使吾得臣若巴蔓子，用城何为？"乃以上卿礼葬其头。巴国葬其身，亦以上卿礼。

其中"巴国有乱"是主要依据。因为原始社会解体后的"乱"主要是奴隶与奴隶主的矛盾。这个"乱"极有可能是指奴隶的起义与暴动。如果人们认可巴国已处于奴隶社会时期，那么它的伦理文化特征就会表现如下方面。

第一，奴隶主与奴隶有各自的道德心理。按照经典作家的说法，奴隶社会中人与人所结成的社会关系还是一个直接的社会关系，是人对人

---

① 李学功．巴国社会性质问题探论［J］．青海师范大学学报（哲学社会科学版），1994（03）：42-47．

② 唐嘉弘．"巴国"是一个奴隶王国吗？［J］．四川文物，1984（01）：8-12，29．

的依赖关系，如果从阶级来看，那就是一些人对另一些人的奴役。由于奴隶没有人身自由且作为特殊财产终身依附于特定的奴隶主，奴隶主根本不把奴隶看作是有道德生活的人，所倡导的伦理观念、确立的道德规范就是为了便于统治；奴隶也不把奴隶主所倡导的道德规范看成天经地义的，所倡导的伦理观念、确立的道德规范就是为了争取人身自由和解放。如此，原始社会所形成的平等、自由、互助等伦理文化在这儿就变得非常虚伪了。

第二，道德规范成为相对独立的上层建筑因素并维持奴隶社会运行。既然产生了阶级并形成了阶级对立，那么统治者必须运用相应的手段来维持社会秩序，倡导伦理观念、确立道德规范就是重要手段。如此，占统治地位的人相继提出一系列伦理观念、道德命题，如"亲亲尊尊"。这些伦理观念不再简单地含混于禁忌、宗教仪式等一般的社会风尚之中，而是作为上层建筑因素相对独立地存在，以调节经济生活、政治生活、文化生活以及人与非人存在的关系。

第三，伦理道德的调节功能日益扩大和复杂化。随着社会生活越来越细化，人不仅为了生存要处理与自然的关系，而且要处理好经济生活、政治生活和文化生活中的方方面面关系，如此作为社会治理手段的伦理道德，在奴隶社会除了需要调节男女、夫妇、父子、朋友等一般社会关系，还需要调节君臣、主仆等特殊社会关系；不仅统治阶级要把伦理道德作为一种社会要求来规范人们的行为，而且奴隶也要把伦理道德作为一种工具来争取自由解放。如此一来，人不但认识到道德修养问题，也会对人的价值和尊严做出相应的道德判断。

（三）羁縻时期的伦理文化

秦国统一天下，巴国消亡改建成郡，经隋朝到唐宋，进入羁縻时期。羁縻之术是统治者统治之术的一部分。而中国传统政治即为典型的伦理型政治，一是因为政治框架根植于宗法血缘关系之中，政治秩序的维持高度依赖于道德关系；二是把政治主体的道德修养视为治国理政的要领所在，即"自古人君之得天下，不在地之大小，而在德之修否"（《明太祖实录》）；三是政治生活的参与者，从君王到臣民，士、农、商、兵、工等各类群体都遵循本角色应当遵循的道德戒条，各安其分，各遵其规，各服其命。如此，羁縻政策也浸透着传统伦理观念，例如，册封特别突出"孝"，对朝廷、对最高统治者的孝。有文献资料记载，车溪峒首领向克武率领土家各峒首领倡导"向化"有功，被授予军民宣抚使司职，允许世代承袭官爵。又如盟誓，"申以诅誓，质于神明，达之以诚心、要之以祸福，然后边鄙不耸，保障以宁，例载于戈而阜安生齿"（《册府元龟·外臣部·盟誓》），这就是把忠诚孝义之观念作为调节民族关系的润滑剂。有文献记载，在宋高宗绍兴七年，"慈利向思胜与彭永健等献粮助官军，宣力效忠，其功居多，诏加恩赏"①。

在羁縻政策的影响下，土家族所在的巴郡统治者对待族人多施与仁政和进行德治。一方面于己格物、致知、修身、齐家，另一方面对待族人、对待别人则宽容，"有不祭则修意，有不祀则修言，有不享则修文，有不贡则修名，有不王则修德"（《国语·周语上》），如此，巴郡统治者爱民、为政以德。据文献记载，慈利王丙发"取先圣贤传授之，说忠信孝悌之道……后邑升为州，文雅之士彬彬而起"②。

（四）土司时期的伦理文化

从宋王朝末期到雍正推行改土归流之前，为土司时期。此时，土家族地区基本上进入封建领主制社会。土司既是当地民族首领，也是朝廷官员，如此与一般族人相比，存在着封建等级关系，文献载有："凡土官之于土民，其主仆之分最严。盖自祖宗千百年以来，官常为主，民常

---

① （慈利）《向氏族谱》（卷五），抄于湖南省张家界市永定区沅古坪街道向益阶处。
② 陈光前．（万历）慈利县志：卷十六　卫所　天一阁藏明代方志选刊［M］．上海：上海古籍出版社，1964．

为仆，故视其土官休戚相关，直如发乎天性而无可解免者。"① 但从有
关碑刻来看，例如明太祖朱元璋御赐给向贵什的《碑坊》，明熹宗御书
秦良玉的《忠义可嘉匾额》，崇祯御赐给田楚产的《奉天诰命碑》，冯
咏所撰的《蛮夷司上渡记》，为施南宣抚司所撰的《施南土司石刻》，
赵碗书写的《司学题名记》，在永顺的《昭毅将军思奎彭侯故室淑人向
氏墓志铭》《故正斋次室淑人向氏墓志铭》《麦坡墓志铭》《彭金墓志
铭》《昭勋碑》《中翁彭公德政碑》《明故怀远将军彭宗舜墓志铭》《皇
明浩封昭毅将军授云南右布政使湖广永顺宣慰彭侯墓志铭》《彭氏祠堂
碑》《摩崖石刻》《爽岩洞石刻》《钟灵山石刻》，在黔东北的《重修印
江县堂记》《修思南府学碑记》《修观音阁碑记》，在渝东南的《彭水
县修城记》《冉土司白夫人墓志》，在鄂西的《佛像题刻》《田飞龙墓
碑》等，还原了土家族土司王及其家庭的伦理道德观念。这些观念既
有单纯的道德观念，也有与政治、经济相综合的观念。例如"孝"，
《田飞龙墓碑》记载有"纪其祖宗"，为什么要这样呢？"木本水源之
故"，如此特别强调"孝子慈孙"。而"孝"为"忠"之基础，"忠"
为"孝"之升华，移孝作忠，如此"孝"与政治观念相综合，土司王
们便对族人施与仁政。例如，《跋杨辉挽诗碑》记载有：

> 累受命征剿叛寇，兵所至如破竹，无或敢婴其锋，甚至有闻风
> 归附，兵不血刃而境土以宁者，此其于武事也甚勇……蚤失怙，事
> 母夫人，悟尽礼意，此其共子职也甚孝。处宗族，和而有礼抚卑
> 幼，慈而有恕治兵民，威而不猛，此其待人也甚恕……修学校，延
> 明师，以教育人才，而致文风日盛于前，此其崇儒术也甚至。②

① 赵翼. 檐曝杂记：卷四　黔中俚俗 [M]. 嘉庆湛贻堂刻本.
② （成化十九年）跋杨辉挽诗碑 [C] //彭福荣，李良品，傅小彪. 乌江流域民族地
　区历代碑刻选辑. 重庆：重庆出版社，2007：578.

《彭南翼墓志铭》记载有：

余初从阳明先生游，闲论天下世族贵盛而悠远者，先生因及永顺彭氏可以当之。余曰："何征？"先生曰："迩者两役思、田，宣慰世麒、明辅、宗舜三世咸征，及和门，日待讲宅，吾见其敏而勤、富而义、贵而礼、严而和、入而孝、出而忠。夫学莫贵乎勤，利莫先于义，接人莫急于礼，驭众莫要于和，立身莫切于孝，报国莫大于忠。彭氏世有六德，恶得不贵盛而悠远乎？"①

土家族土司们能有如此德行，其家庭成员的德行又如何呢？汉族官吏围惠畴在向凤英（彭世麒的淑人）的墓志铭中描述了她良好的道德形象，说其知书达礼、深明大义、孝敬老姑、相夫教子②。

（五）改土归流时期的伦理文化

为了进一步巩固封建统治，强化中央集权，雍正皇帝推行了改土归流，由中央王朝委命流官代替世袭土官，并解散土官曾经拥有的兵力，在土家族地区设立与全国各地一样的政权机构。如此一来，土家族地区正式进入封建地主制社会。到鸦片战争以后，土家族地区同其他地区一样也逐渐沦为半封建半殖民地社会，直到新中国成立，才有新气象。

改土归流，使汉文化在土家族地区得到更大范围、更深层次的传播。如此，以"三纲五常"为主旨的伦理道德观念也深深地影响着土家族人，其婚丧嫁娶等日常生活中深深地打上了汉民族伦理道德的烙印。例如，土家族人婚姻在改土归流之前是自由择偶，不受封建礼教约

---

① （隆庆二年）彭翼南墓志铭［C］//向盛福.土司王朝.呼和浩特：内蒙古人民出版社，2009：238.

② （正德元年）昭毅将军思垒彭侯故室淑人向氏墓志铭（拓片），收藏于吉首大学历史与文化学院资料室。

束；在改土归流之后，男婚女嫁，全凭父母之命，媒妁之言，从相亲到完婚，遵循一整套礼仪。再如，土家族人丧葬在改土归流之前以极其简单的火葬为主，在改土归流之后，"以丧礼哀死亡"形成一整套土葬礼仪。随着汉民族伦理道德在土家族地区的传播，其影响越来越深刻，并逐渐成为土家族人伦理道德中的重要内容，具体说来：一是忠孝观念成为土家族谱、家训的重要内容，葬礼中唱孝歌，逢年过节祭家先。二是仁义观念体现为父慈子孝、兄友弟恭、"泛爱众"，《杨氏家训》记载有："父慈子孝尊重，兄友弟恭和平……兄弟同胞手里，休听闲言伤情。昔日张公百忍，九州同居不分；邻里乡党和好，家口七百余人，九族五伦敦重，国家法纪钦遵，此系人伦道理，族正万古标名。"三是团结互助观念体现到"人到难中要人帮，船到码头要人牵"的帮白工、做义工中。四是把正风澄俗要求写进乡规民约中，违者定会遭受重罚等。

（六）马克思主义中国化时期的伦理文化

十月革命后，马克思主义传入中国并快速传播，但从传播内容来看，却有一个由唯物史观到辩证唯物论的逐渐转移的过程。在接受的过程中，中国的马克思主义者注重与时俱进、注重理论联系实际，以中国的革命、建设、改革之实践为中心，赋予了马克思主义民族化、时代化、大众化性格，并据此投身于改造和建设新中国的伟大实践中。在此过程中，一批土家儿女成为马克思主义者，用马克思主义立场、观点、方法剖析社会道德问题。例如，向警予用唯物史观阐扬妇女解放、男女平等问题，赵世炎用全球视野审视与政治、经济、文化相综合的道德观念，卓炯亦是从全球性视野出发，在探索中国发展规律、思索中国社会出路的过程中来阐发社会道德形态与发展问题。这些历史人物虽然是土家族的马克思主义者，但他们并不是把自己置身于本民族的语境中来讨论伦理道德问题，而是放在全球性、现代性和中国视域中来论析伦理道德问题的。新中国成立后，中国共产党本着"百花齐放、推陈出新、古为今用、洋为中用"的方针，对土家族传统伦理文化进行现代性开掘，社会主义核心价值不断引领发展，社会主义精神文明不断注入其中，使之更好地为社会主义服务，为土家族人民服务。

三、土家族传统伦理文化的总体特征

我们研究土家族伦理文化现代变迁，这里的"土家族"突出的是文化差异而不是种族差异。而文化差异，如前文所说的，因其生成元与生成性不同而相区别于那些相邻近的社群。因此，文化差异关系着社群联系与区别。土家族文人彭勇行在其《竹枝词》所写到的"新春上庙敬祖公，唯有土家大不同。各地咿嘀同摆手，歌声又伴呆呆嘟"①，就说明了土家族与其他民族的文化差异。这里的"伦理文化"突出的是表征土家族人世界观、人生观、价值观等具有模式化意义的文化，它可能是单纯的，也可能与政治、经济、文化相融合、相综合，还可能以风俗习惯为载体成为自在的技巧。这里的"现代变迁"突出的是主流意识形态、主导价值观念（特别是社会主义核心价值）与土家族伦理道德双向互动过程中，土家族伦理文化是否真正做到扬弃，退化渐少、优化不断。如此，"土家族伦理文化现代变迁"既是思想，也是实践。为了更好地把握土家族伦理文化现代变迁，我们还需要从土家族整个伦理文化演进过程对其特征进行总体性把握。

特征之一，土家族有民族语言无民族文字，在长期的实践中，其传统伦理道德观念通过民俗活动和节日中体现出来。土家族有本民族独特的婚姻习俗、添丁习俗、丧葬习俗、劳动耕作习俗、宗教禁忌习俗、祭祀习俗等，在这些风俗习惯中包含了土家族人丰富的传统伦理道德观

---

① 彭勃，祝注先. 历代土家族文人诗选 [C]. 长沙：岳麓书社，1992：208.

念。在一定意义上可以说，每一种风俗习惯都是土家族人在特定生境下所形成的，是相应伦理文化的表征。

特征之二，土家族伦理文化发展过程就是一个多元伦理文化不断融合的过程，特别是呈现出与汉民族伦理文化相接近的发展趋势，本民族伦理文化的个性越来越少，与汉民族伦理文化的共性越来越多。从整个中华民族的视角来看，五十六个民族是一家，但每一个民族又有其文化的特殊性。处于高势位的文化往往能够深刻地影响处于势能较低位置的文化，这是一个必然趋势，这是中华民族历史发展过程中不可逆、不可抗的潮流。尽管如此，在伦理精神和伦理体系上，土家族基本上接受了主流价值观念，而在民风民俗中，又大量体现出本民族的传统伦理道德观念，呈现出大传统与小传统相并存的局面。

特征之三，土家族伦理文化以小传统为主导。自巴国消亡后，土家族先民就一直被纳入中央王朝治理范围，其间经历了较长的羁縻时期和土司时期，统治阶级所倡导的价值观念也一直在土家族地区传播。但文人文化只有少量土官及其家属享有，对于绝大多数的普通劳动人民而言，还是无文化的。他们在劳动实践中创造了劳动人民的伦理道德观念，并以口耳相传等方式在民俗活动和节日中体现出来。小传统广泛地植根于民间，处于土家族伦理文化的主导地位。

第三章　民族伦理文化变迁的基本问题

由于差异性的自然生境与社会生境，各民族生成了不同的民族伦理文化①。民族伦理文化与国家倡导的主导价值观、社会奉行的主流价值观具有异质性，它属于雷德菲尔德所说的"小传统"，需要经过辩证否定，即实现主导（或主流）价值观的民族化和民族伦理文化向主导（或主流）价值观提升，方能涌现出契合性来。为了更好地以社会主义核心价值观来筹划少数民族伦理文化建设，有必要深入研究民族伦理文化，如下几个核心问题需要先得到明确。

一、民族伦理文化的内涵释义

概念的界定是整个研究的逻辑起点与理论基石，没有厘定概念研究就如同建在流沙上的高楼，基础不牢，地动山摇；又好似去楚国的魏人，研究得越深入，离事实的真相也许会越远。

一般而言，对于"民族伦理文化"的理解有三种视域，即伦理学视域、文化学视域与民族学视域。每种理解视域的侧重点是有差异的，伦理学视域侧重于"伦理—道德的"，即为"民族伦理文化"；文化学

---

① 周忠华，向大军. 文化差异·文化冲突·文化调适［J］. 吉首大学学报（社会科学版），2011, 32（02）：151 – 153.

视域侧重于"文化的",即为"民族伦理文化";而民族学视域侧重于"民族的",即为"民族伦理文化"。当有人把伦理文化称为伦理道德时①,实际上就是从伦理学视域来理解"民族伦理文化"的,将其看成甚至等同于"民族伦理道德"。从这一观点出发,伦理文化也就仅包括作为形而下层面、具有世俗化的伦理与作为形而上层面、具有超验性的道德这两个组成部分。② 当有人认为民族伦理文化就是渗透于该民族经济社会生活、风俗习惯之中的伦理道德观念及外在表现形态③时,实际上就是从民族学视域来理解"民族伦理文化"的。当有人把伦理文化看作同政治文化、法理文化、节庆文化一样作为特殊的文化子系统④时,实际上就是从文化学视域来理解"民族伦理文化"的。

事实上,民族伦理文化既具有外显性,又具有内隐性,而且更多地表现为内隐性,因为它只有在社会互动过程中才把"民族的""伦理的""文化的"特性显露出来。因此,对"民族伦理文化"的理解,将伦理学视域、文化学视域与民族学视域相统一起来,更具有合理性。"将伦理学视域、文化学视域与民族学视域相统一起来",这仅仅是答案。真正要做分析的往往是问题本身以及问答逻辑,即如何从伦理学、文化学与民族学相统一的视域来理解"民族伦理文化"呢? 我们认为,"民族—文化—伦理"的分析架构能够提供求解思路。

每一个民族都有自己的文化,同样,每一个民族也都有自己的伦理道德观念。这种文化与伦理道德观念是作为该民族的"整体性的存在

① 朱绍侯. 伦理文化浅议［J］. 洛阳师范学院学报,2007（01）：35-39.
② 杨明. 伦理文化视角中的宗教［J］. 江苏社会科学,2006（04）：39-41.
③ 陈玉文. 论少数民族伦理道德文化［J］. 内蒙古社会科学（文史哲版）,1997（03）：59-63.
④ 张国钧. 伦理文化与民族精神［J］. 云南民族学院学报（哲学社会科学版）,1993（01）：6-10.

意义"①、在长期演进中逐渐形成的、较为稳定的精神内容。也正是这种文化与伦理道德观念的传承，在凝聚着该民族的同时，又构成其历史。为什么会这样呢？心理学家卡尔·荣格（Carl Jung）给出的解释或许能够帮助理解，他认为作为一个民族集体的和历史的文化心理积淀的"潜意识"，规约着该民族成员的行动，并影响着后裔们的行动。这种"潜意识"不仅体现出该民族成员行为方式上的共同性，还体现出他们情感方式上的共同性，进而提供了一种于自然属性之外的、借以区别他者的标识。文化与伦理道德观念就是这种"潜意识"最为本质的表现样态。因此，文化与伦理道德观念都具有最典型的民族性，无论自觉与否。

虽说按照文化结构层次论来看，伦理道德作为价值观念属于心态文化层②，但根据对伦理精神的内在原理与运行过程的把握来看，伦理道德不只是一种行为规范，也不只是一种规范体系和价值体系，而是具有完整有机结构的文化生态。这种文化生态包括"文化背景"、文化系统与环境系统的耦合、生态文化，但不是它们本身，它主要是由人伦原理、人德规范、人生智慧以及人文力四个因子构成。人伦原理是"伦理"的基本构成，其文化旨趣在于突出伦理关系的互动机制，并借此建立伦理秩序。人德规范是"伦理"的核心内容，其文化旨趣在于"人化"与"化人"，即对人的德行的积极造就。人生智慧是"伦理"的表达方式，其文化旨趣在于作为文化设计的有机构成，体现着人对世界的"实践—精神"的把握方式。人文力是"伦理"的工具理性的集

① 海德格尔. 存在与时间［M］. 陈嘉映，王庆节，译. 北京：生活·读书·新知三联书店，1987：438－441.

② 关于文化结构，张岱年、方克立、冯天瑜等学者提出了四层次论，即物态文化层、制度文化层、行为文化层与心态文化层。具体参见：张岱年，方克立. 中国文化概论［M］. 北京：北京师范大学出版社，1994：5－6；冯天瑜，何晓明，周积明. 中华文化史［M］. 上海：上海人民出版社，1990：30－31.

中显现，其文化旨趣在于为规范个体行为、为推动社会发展提供"人文"的力量。由此可见，人伦原理、人德规范、人生智慧以及人文力共同展示了伦理的文化本性，即以人为主体、以人伦为基础、以价值为取向、以规范为核心、以智慧为真谛、以人文力为本质。

一方面，民族是文化的共同体，文化是民族的标志；另一方面，伦理具有文化的本性，是文化的灵魂和核心。这样，"民族—文化—伦理"三者通过"文化"这一媒介有机地统一起来，别开生面地为理解民族伦理文化提供了一个更准确的定位、为研究民族伦理文化提供了一个更科学的视域。为此，我们的看法是，所谓民族伦理文化，主要是指一个民族在长期的社会生活和实践中所形成的以善恶为评价标准，以社会舆论、传统风俗和内心信念为维系工具的各种伦理思想、道德观念、行为准则、生活风范的总积淀。做这一理解，既避免了将民族伦理文化广泛到与伦理相关的、无所不包的状态，又避免了仅仅指民族道德心理方面的价值取向，即：（1）民族伦理文化是该民族成员在道德实践活动中所表现的主观方面；（2）作为主观方面，它不仅包括民族的道德心理因素，还包括民族的伦理道德观念形态；（3）民族的伦理道德观念形态是有其载体的，包括体现于生产、生活实践中的乡规民约、风俗习惯、宗教仪典等。

当我们明确了民族伦理文化的基本内涵之后，就可以进一步明确其基本内容与表现形式。一般说来，一种民族伦理文化总是与该民族的经济生活、社会生活、风俗习惯等紧密交织在一起，渗透于该民族成员的生产实践与生活实践之中，其涵盖的内容是丰富多样的。有人从文化范围来划分内容，认为民族伦理文化大概包括"公共守则文化、家庭礼制文化、交际规范文化和品德修养文化"①；或者认为其"包含了爱情

①　陈玉文. 论少数民族伦理道德文化［J］. 内蒙古社会科学（文史哲版），1997（03）：59-63.

婚姻家庭道德、职业道德、社会公德、个体道德、交友道德、闲暇道德、劳动道德、学习道德、道德理想以及道德教育、道德修养等方面的内容"①。有人从"文本"形式来划分，认为民族伦理文化的表现形式主要包括生产方式和生活方式、神话传说和民间故事、宗教典籍和信仰活动、器物文化和审美观念四个方面②。这两种划分方法对于研究民族伦理文化的基本内容与表现形式都有借鉴意义。但不论是何种划分方法，都必须清醒地意识到"零敲碎打"或是"大方无隅"是不宜的。对于民族伦理文化，我们需要做微观研究，因为微观分析为研究提供了深厚基础；我们也需要对其做宏观研究，因为宏观分析为研究提供了整体把握。因此，必须把微观分析与宏观研究有机地统一起来，这才是科学的做法。同样，这也仅仅是答案，我们需要解答的是"如何把微观分析与宏观研究有机地统一起来"的问题。我们认为，"总体性原则"能够提供解答问题的基本思路。

在马克思主义看来，总体性是指事物诸方面之间的相互性、不可分割性。总体性原则也是马克思主义认识世界与改造世界的基本方法，它强调把对象与客体纳入总体性视域内、置于多重结构与复杂关系之中加以审视与考察。正确认识和深刻理解民族伦理文化，同样需要以总体性视野、运用总体性方法全面深刻认识其内涵及其体系架构。

从理解"民族伦理文化"的三种视域——伦理学视域、文化学视域与民族学视域来看，"民族伦理文化"本身就具有多层性、多样性与多质态。说其具有"多层性"，是因为"民族伦理文化"可以划分为表层文化（如惯例、制度等）、中层文化（如信仰、共享的符号系统、集体意识等）与深层文化（如生存方式、生活样式）；说其具有"多样

---

① 王泽应. 我国少数民族伦理道德研究的回顾与展望［J］. 湖南师范大学社会科学学报，2001（04）：28 – 32.

② 李兵，吴友军. 少数民族哲学何以可能？——兼论民族文化的哲学基础［J］. 学术探索，2002（03）：14 – 16.

性"，是因为"民族伦理文化"可以划分为行为文化（如惯例、规范等）、符号文化（如象征、意义等）、精神形态（如观念、歌舞等）；说其具有"多质态"，是因为"民族伦理文化"有概念形态、载体形态、理论形态等。当我们用"总体性原则"来考察"民族伦理文化"时，必须把"民族伦理文化"作为一个总体来加以理解，正确处理"民族伦理文化"总体本质与表现形态之间、各种具体表现形态之间的关系，拒绝对"民族伦理文化"进行"碎片化阅读"。在这里有两个问题需要进一步深化。一是"一体"究竟是什么？是"民族"，是"伦理"，还是文化？我们不能对"总体本质"做"特殊主义化阅读"，尽管人们在思维上可以走向辩证。二是表现形态究竟是什么？是"公共守则"，是"家庭礼制"，是"交际规范"，是"品德修养"，抑或是其他什么？人们对"位"理解得越多是越全面呢，还是越"碎片化"呢？究竟是哪几"位"的综合化就能体现出"总体本质"呢？对上述的解答，是科学认识和准确把握民族伦理文化"总体性"的前提与基础。

关于"总体本质"，我们认为既不能用"民族的"内涵，也不能用"伦理的"内涵，又不能用"文化的"内涵，将"体"做简单化表述。事实上，一旦把民族伦理文化理解为"一个民族在长期的社会生活和实践中所形成的以善恶为评价标准，以社会舆论、传统风俗和内心信念为维系工具的各种伦理思想、道德观念、行为准则、生活风范的总积淀"时，"民族的""伦理的""文化的"内涵都体现其中，因而，这个"体"应该是"人"本身，"民族的""伦理的""文化的"都体现在人的生活样式当中。

"民族伦理文化"作为一个总体性存在，其表现形态是多种多样的，但并不意味着人们对"位"理解得越多，对"民族伦理文化"的理解也就越全面；相反，对"位"理解得越多、附加的内容越多，越是对"民族伦理文化"做"碎片化阅读"。"位"是"体"的载体与表征，只有能反映"总体本质"的表现形态才能充当"位"并发挥着

"位"的作用。换言之，不是任何一种表现形态都可以占据"位"置的。既然我们把"体"定位于"人"本身，那么按照人有类性、群体性与个体性三重存在样态来看，民族伦理文化应该可以划分为体现民族性的观照类性的伦理文化、观照群体性的伦理文化与观照个体性的伦理文化三个层次。所谓观照类性的民族伦理文化，是指那种能够超拔于民族自身而让渡利益的伦理文化，于自然就是生态伦理文化，于人类就是族际伦理文化。所谓观照群体性的民族伦理文化，是指族群内部社会交往所形成的伦理文化，于社会就是守则伦理文化，于家庭就是礼制伦理文化。所谓观照个体性的民族伦理文化，是指族群成员在人际交往中所形成的伦理文化，于他者就是规范伦理文化，于己身就是德行伦理文化。

体现民族性的观照类性的伦理文化、观照群体性的伦理文化与观照个体性的伦理文化这三个方面的综合化就能充分体现出"民族伦理文化"的"总体本质"。这三个"位"是相互依存、相互促进、有机统一的，同时又具有动态性、历史性与具体性。这就要求我们将"民族伦理文化"作为一个整体加以把握，必须从历史环境中把握其生成逻辑，防止"断裂化"理解；必须从系统性把握其结构逻辑，防止"碎片化"理解；必须从实践性把握其认识逻辑，防止"特殊化"理解。

二、民族伦理文化变迁史观的检视

任何一个民族的伦理道德精神都具有时代性。随着社会的生产方式与生活方式的发展，一个民族的伦理文化也存在相应的变迁。"变"是绝对的，"不变"是相对的。那么，人们该如何来审视民族伦理文化历史变迁呢？有人认为可以用代嬗史观加以审视，因为伦理文化有继替性。有人认为可以用进化史观加以谛视，因为社会是进化的，伦理文化也是进化的。有人认为可以用进步史观加以检视，因为伦理文化具有进步性。事实上，一个民族的伦理文化变迁，并非全是革新、优化，也包括某种脱化与退化。例如，土家族的民族意识中忠君意识的弱化与爱国主义精神的强化，血亲宗族观念的弱化与社会正义观念的强化，就属于土家族伦理文化优化的方面，而生态意识中适度原则的遗弃，"帮白工"习俗的日趋消失，则属于土家族伦理文化退化的方面。由此可见，代嬗史观、进化史观、进步史观存在着理论缺陷；只有"现实生活过程"才能够对伦理文化的历史变迁做出科学而合理的解释。

（一）从"继替"到"进步"：解释伦理文化变迁的旧范式

研究民族伦理文化变迁问题，学界常用代嬗史观、进化史观、进步史观等典型理论范式。代嬗史观是西方进化论与传统易变观相结合所形成的一种历史观，是在分析"代"与"代"之间的纵横关系基础上来研究伦理文化代有所盛、代有所嬗的阶段性特征和前后代继替现象的。进化史观是以进化论来解释伦理文化的历史变迁，在唯物史观传入中国之前，在解释伦理文化历史发展的时代思潮中居于主导地位。进步史观是从伦理意义上的"进步性"这一层面来揭示伦理文化演化的。这些理论范式奠定了研究伦理文化变迁的学理基础。

1. 代嬗史观

伦理文化是有继替性的，即成熟的伦理文化形成之后，其变迁发展过程呈现出代有所盛、代有所嬗的阶段性特征和前后代继替的现象。就我国的伦理文化变迁来说，西周时期人们有了价值自觉，提出了"敬德"；春秋战国时期人们面临着价值冲突，争鸣了"人道"；汉代时期人们进行价值抉择，树立了"纲常"；魏晋南北朝时期人们有新的价值转向，崇尚了"自然"；隋唐时期社会有了价值综合，同归于"万善"；宋元明时期人们开始价值重建，营造了"天理"；晚明至清中期人们进行着价值反思，萌动了"利欲"；近代人们深受价值启蒙，伸张了"人权"；五四运动时期人们展开价值重估，解放了"个性"；新中国以马克思主义为指导，共筑于"集体"。这一过程，确实展现了中国伦理文化存在着似生物体在代代传衍过程中所涌现的"一代一代"的阶段发展规律；遵循"一代一代"的阶段发展规律，确实可以认识其中存在着的代际的"继替"现象。对于这一点，蔡元培在《中国伦理学史》"序例"中说道："一切现象，无不随时代而有迁流，有孳乳。"① 陈独秀在《答淮山逸民（道德）》中也讲：

> 盖道德之为物，应随社会为变迁，随时代为新旧，乃进化的而非一成不变的，此古代道德所以不适于今世也。②

这就是所谓的"一代有一代之伦理道德"。

在这里，其一，"一代有一代之伦理道德"不是强调从时序来看待伦理文化之间的继承与替换，即"一代有一代"主要是指每一时代的生活方式、主流思想、时代精神以及文化氛围的变易与确立，这些因素对该时代伦理文化有着最为直接、最为根本的影响。如果"一代有一代"不内在地包含每一时代的生活方式、主流思想、时代精神以及文化氛围的变易与确立，那么所谓的"一代有一代之伦理道德"仅仅是表现形式上的变化，如道德习惯的变化，而不是价值要求的变化。例如，以"三纲五常"为核心内容的封建伦理文化，由于家族本位的社会结构、传统的农业文明以及君主制度数千年之未变，因此在中国长达2000多年的传统社会中，变的只是表现形式而不是价值要求。

其二，"一代有一代之伦理道德"不是以易变理论而是以进化论来阐释伦理文化变迁的。易变观主要是从日常生活经验中经概括而提炼的，虽然能够较为合理地解释某一事物从萌生经发展到消亡的变迁过

---

① 蔡元培. 中国伦理学史 [M]. 北京：商务印书馆，2004：1.
② 陈独秀. 独秀文存 [M]. 合肥：安徽人民出版社，1986：423.

程，但不能科学而充分地解释事物继替性的内在缘由。而"一代有一代之伦理道德"的代嬗史观不单是比较代际伦理文化和进行事实认定，而是体现着对伦理文化继替规律的认识。例如，陈独秀把道德彝伦的继替解释为因其发生进化，说："宇宙间精神物质，无时不在变迁即进化之途。道德彝伦，又焉能外？"①

其三，"一代有一代之伦理道德"为道德价值评判提供了现代尺度。虽然众人承认"德以代变"，但相当一部分人却秉持"原道、宗经、征圣"思想，往往将上古的伦理道德视为圭臬，用它作为标准来评价后代的伦理文化，因而往往认为是"格以代降"，这就为复古思想保留了足够的活动空间。而"一代有一代之伦理道德"的代嬗史观，主张要以是不是新民德以及展开道德革命的深浅作为评判一个时期伦理文化优劣的标准。从严复与梁启超的"新民德"到梁启超、章太炎、李大钊、陈独秀等人的"道德革命"，都是在"国民性改造"的框架中评价时代伦理文化，其结论与传统认识的分野自然是泾渭分明的。

2. 进化史观

19 世纪末 20 世纪初，中国知识分子普遍视进化论为最先进的且是中国救亡图存的一剂良药，因此，当进化论传入中国时，可谓是影响甚大。例如，章太炎认为"进化"具有神圣不可置疑的性质②；梁启超认为"凡天地古今之事物，未有能逃进化之公例者也"③；陈独秀认为"生物进化论"是"使人心社会划然一新者"④；胡适认为"进化的观念"是"求学论事观物经国之术"⑤。

当进化论被引入伦理学时，人们自然地运用其来分析社会伦理道德

---

① 陈独秀. 独秀文存 [M]. 合肥：安徽人民出版社，1986：44.
② 章太炎. 章太炎全集：第四卷 [M]. 上海：上海人民出版社，1985：99.
③ 梁启超. 饮冰室合集：文集之九 [M]. 北京：中华书局，1989：59.
④ 陈独秀. 独秀文存 [M]. 合肥：安徽人民出版社，1986：4.
⑤ 胡适. 胡适日记全编：第一卷 [M]. 合肥：安徽教育出版社，2001：222.

的变迁。因此，进化史观是最重要、最有影响的伦理文化史观之一，在解释伦理文化历史发展的时代思潮中居于主导地位。例如，严复的大多数时论文章都反映了他翻译的《天演论》中的进化论伦理思想。章太炎以"俱分进化观"强调了社会伦理道德的变迁并不是简单的直线性的递进发展，而是一个多重双向的、充满迂回和曲折的发展过程①。梁启超认为："宗教道德之发达，进化也。"② 在五四运动前后，以陈独秀、李大钊为代表的一批新文化健将，为了宣传"道德革命"的主张，也将进化论作为他们宣传新思想的武器，使进化论更加深入人心，成了人们认识中国伦理学、探讨新道德发展的理论基础。陈独秀指出，由于盘踞在民众精神中根深蒂固的伦理道德观念仍是黑幕层张、垢污积深，虽有政治革命，但黑暗未尝稍减，因此，要效仿西方，在进行政治革命、宗教革命、文学革命的同时，也要进行道德革命③。李大钊主张对社会进行"物心两面的改造，灵肉一致的改造"④，以呼应陈独秀，并在此基础上由"道德革命"引申出政治革命的结论，以为解决当时中国的社会问题求解。虽然胡适不主张道德革命，但他主张用实验主义的进化观来剖析伦理道德的变迁，即"研究事物如何发生，怎样来的，怎样变到现在的样子"⑤。由此可见，新文化健将们相信伦理文化是进化的。但是，他们对伦理文化进化的理解以及对伦理文化如何进化的认识是有差异的。

其一，就伦理文化与时代的关系而言，进化史观论者都承认伦理文化无时无刻不在进化之途，但究竟是随时代生活而变迁，还是随时代精神而变迁，他们的看法却是不一致的。例如，李大钊认为：

① 章太炎. 章太炎全集：第四卷［M］. 上海：上海人民出版社，1985：386.
② 梁启超. 饮冰室合集：文集之六［M］. 北京：中华书局，1989：114.
③ 陈独秀. 独秀文存［M］. 合肥：安徽人民出版社，1986：52.
④ 李大钊. 李大钊文集：下册［M］. 北京：人民出版社，1984：68.
⑤ 胡适. 胡适文存：第二卷［M］. 北京：外文出版社，2013：82－83.

　　物质若是开新，道德亦必跟着开新，物质若是复旧，道德亦必
跟着复旧……凡一时代，经济上若发生了变动，思想上也必发生
变动。①

这就是从经济上来解释道德的历史变动，即强调伦理文化是随时代
生活而变迁的。而陈独秀则认为：

　　要拥护那德先生，便不得不反对孔教、礼法、贞节、旧伦理、
旧政治。②

这就可以看出，陈独秀认为伦理文化反映着该时代的时代精神，它
的变迁必是随着时代精神的进化而进化的。

　　其二，进化史观论者都承认伦理文化是不断进化的，但究竟是伦理
文化的外在形式或载体在进化，还是其内在内容或精神在进化，他们的
看法也是不一致的。例如，胡适认为伦理文化的进化主要在形式，即道
德进化只不过是一种道德习惯的改变，是出于人应付环境的行为方式的
改变。在他看来：

　　社会上所谓"道德"不过是许多陈腐的旧习惯。合于社会习
惯的，便是道德；不合于社会习惯的，便是不道德。③

他举例说明道：

───────────

①　李大钊. 李大钊文集：下册［M］. 北京：人民出版社，1984：146.
②　陈独秀. 独秀文存［M］. 合肥：安徽人民出版社，1986：129.
③　胡适. 胡适文存：第二卷［M］. 北京：外文出版社，2013：22.

我们中国的老辈人看见少年男女实行自由结婚，便说是"不道德"。为什么呢？因为这事不合于"父母之命，媒妁之言"的社会习惯。但是这班老辈人自己讨许多小老婆，却以为是很平常的事，没有什么不道德。为什么呢？因为习惯如此。又如中国人死了父母，发出讣书，人人都说"泣血稽颡""苫块昏迷"。其实他们何尝泣血？又何尝"寝苫枕块"？这种自欺欺人的事，人人都以为是"道德"，人人都不以为羞耻。为什么呢？因为社会的习惯如此，所以不道德的也觉得道德了。①

而李大钊认为伦理文化的进化主要在内容，因此，在他看来，作为"适应社会生活的要求之社会的本能"② 的道德，由于"物质可以决定人类的精神、意识、主义、思想，使他们必须适应他的进程"，那么，"物质依其性质，必须不断变迁"，结果导致"一切社会上，政治的、法制的、伦理的、哲学的，简单说，凡是精神上的构造，都是随着经济的构造变化而变化"③。

应该承认，19 世纪末 20 世纪初，中国知识分子对于伦理文化进化观念的讨论是不够充分的，原因有三。一是后来的"政治革命"诉求遮蔽了对伦理文化自身的关注；二是伦理文化如何进化问题过于复杂，不易讨论清楚；三是伦理文化进化观念像进化论思想一样被视为一个"公例"悬置着，只要在理论上承认即可。

---

① 胡适. 胡适文存：第二卷 [M]. 北京：外文出版社，2013：22.
② 李大钊. 李大钊文集：下册 [M]. 北京：人民出版社，1984：138.
③ 李大钊. 李大钊文集：下册 [M]. 北京：人民出版社，1984：59.

3. 进步史观

西方伦理道德观念从传入中国开始，便与以三纲五常为基本内容的中国传统伦理文化发生了激烈的冲突和碰撞。在此历史时期，中国知识分子开始思考道德进步问题。为什么是在这一历史时期呢？主要是因为中国传统伦理文化历史积淀过于深厚，深厚到无法独立地完成历史转型的地步，换言之，经与西方伦理文化有了比照、有了碰撞，才有了自我转型的外在压力和内在动力。在19世纪中叶，维新派引西方近代道德观念批中国传统伦理观念，就是端倪。梁启超强调，只有"一循天演之大例"，"发明一种新道德"，提高"国民之文明程度"，道德才能够"有发达有进步"①。到"辛亥革命"时期，只出版三期的《复克学报》刊登了柳亚子《论道德》一文，文章指出：

> 天然之道德，根于心理，自由平等博爱是也；人为之道德，原于习惯，纲常名教是也。天然之道德，真道德也；人为之道德，伪道德也……而抱残守缺之徒，又迂拘拙陋，不知昌明自由、平等、博爱之真道德，反欲吹纲常名教已死之灰。此无论其说之不能行也，就使能行，而伪道德愈尊，真道德愈晦……中国数千年相传之道德，皆人为之道德，非天然之道德也。皆原于习惯，纲常、名教，矫揉造作之道德，非根于心理，自由、平等、博爱，真实无妄之道德也，皆伪道德非真道德也。②

而题为《三纲革命》的文章更是揭破"三纲""以伪道德之迷信，

---

① 梁启超. 饮冰室合集：文集之九 [M] . 北京：中华书局，1989：8.
② 张枬，王忍之. 辛亥革命前十年时论选集：第二卷 [C] . 北京：生活·读书·新知三联书店，1960：847.

保君父等之强权"① 的反动本质。到"五四"时期，反对旧道德提倡新道德，同反对旧文学提倡新文学一样，是新文化运动的革命旗帜②。这时的知识分子不仅通过"道德革命"来"矫正旧道德这一传统文化的肋骨"③，还极力倡导西方伦理文化，如蔡元培推崇人道主义伦理文化、胡适张扬实用主义伦理文化、张东荪引荐进化论伦理文化、陈独秀等中国共产党人传播马克思主义伦理文化，等等。正是因为进步史观 20 世纪在中国的确定，中国的伦理文化才发生了革命性的跃迁，最起码以三纲五常为基本内容的中国传统伦理文化已经被抛到历史的垃圾桶里去了。

在进步史观论者那里，进步信念大约有三重假设。

其一，进步史观论者认为进步即为至善，即使是人们无法确证能否达到至善的道德境界，但仍然相信人们的道德境界会不断地提升。例如，柳亚子认为由真道德而论，人类是没有君民之分、没有尊卑之分、没有男女之别的，因此，伦理文化的进步就体现在按照可知的模式和理想的目标，消解人民对于君主之伪道德、卑者对于尊者之伪道德、女子对于男子之伪道德。事实上，道德至善论占据着 20 世纪中国伦理学界的重要地盘，在康有为的"三世伦理"之后，有孙中山的"大同伦理"，有新儒家的"内圣外王"伦理思想，有共产主义伦理思想等，虽各自注入不同内容，但都有"至善"的伦理理念。

其二，进步史观论者认为，进步信念暗含着时间序列上的"后来"与空间序列上的"外来"的假设。在他们看来，越是具有现代性的伦理文化越是先进的，越是具有前现代性的伦理文化越是落后的，于是

---

① 张枬，王忍之. 辛亥革命前十年时论选集：第二卷［C］. 北京：生活·读书·新知三联书店，1960：1016.

② 毛泽东选集：第二卷［M］. 北京：人民出版社，1991：700.

③ 万俊人. 论中国伦理学之重建［J］. 北京大学学报（哲学社会科学版），1990（01）：75－83.

"惟新"成为重估一切伦理文化是否进步的评价尺度。正是遵循此逻辑，进步史观论者把居于时间序列上的"后来"的伦理文化视为进步的伦理文化，把居于时间序列上的"以前"的伦理文化视为落后的伦理文化；而西方的伦理文化在时间序列上是"后来"的，中国的伦理文化在时间序列上是"以前"的。故而，西方的伦理文化是进步的伦理文化，中国的伦理文化是落后的伦理文化。例如柳亚子指出的，"自由、平等、博爱"为真道德，而"纲常伦理"为伪道德。

其三，进步史观论者认为，"贯穿所有时代的进步理论的核心，是相信人类已经前进、正在前进，并且将继续前进，走向满足人类伦理需要的方向"①。因此，进步信念又暗含着主体德行的完善与提升，即在进步史观论者那里，首先就预设了人性的不断完善。康有为、柳亚子、孙中山等人以"进步"为价值来审视伦理文化的变迁，就在于相信伴随历史进程的发展，人们将不断加强自身的德行修养，提升自身的道德境界，这与西方那种改恶从善而增进道德的进步观有较大区别。

（二）初步的、不完善的说明：旧范式的理论缺陷

尽管代嬗史观、进化史观、进步史观等范式是各有所长的，但其解释力又各有所短。

第一，一个时代是否只能有一种伦理道德观念来代表这个时代的伦理文化发展成就，其实是一个存在争议需要论证的问题，然而，代嬗史观论者并没有就此进行充分的论证，因此，"一代有一代之伦理道德"作为一种具有现代意义的伦理文化变迁史观，在理论形态上远未达到完善和精致的程度，还需要进一步充实或修正。伦理文化的代嬗是否足以反映伦理道德的发展规律，伦理文化主体与观念传播是否也是影响伦理道德发展的重要因素，社会政治、经济、文化状况到底与伦理道德发展

---

① Morris Ginsbery. Evolution and Progress ［M］. William Heinemann LTD, 1961：3.

有怎样的关系，诸如此类的问题，都是一种成熟的伦理文化变迁史观应该而且能够予以解答的，但是，代嬗史观没有这样的宏观研究视野，这就必然影响人们对伦理文化变迁规律的深入剖析。

第二，进化史观在一开始是作为先进思想观念被接受、被理解的，学界并没有对进化史观进行理性审查，而是作为"公理""公例"悬置起来，进而学界不考究进化史观的伦理性。例如，蔡元培在给《新青年》记者的信中就谈到进化论不宜推及一切事物或领域，他说：

> 法之拉马尔克、英之达尔文，发明世界进化之理。达氏虽有"自然淘汰优胜劣败"之说，然亦就生物界之现象而假定之，初未尝用以推一切之事物。自尼采以此义为世界进化之唯一条件，而悬为道德之标准，于是竞强汰弱之义大行，而产出德国军国主义。①

因为进化论，特别是线性进化论以"力"为圭臬，这样一来，"以巧诈为贤能，以贞廉为迂拙，虽歃血苴盟，犹无所益"②，所谓的"优胜劣汰"，实际上是戕害人心、泯灭人性的。章太炎在《俱分进化论》中指出："进化之所以为进化者，非由一方直进，而必由双方并进"，若"言智识进化则可"，伴随"智识进化"的同时"恶"本身却也在"进化"。他举例道："国家未立，社会未形"时，"其杀伤犹不能甚大"，但如今"浸为火器矣，一战而伏尸百万，蹀血千里，则杀伤已甚于太古"③。因此，在他看来，"优胜劣汰"也要符合道义，即以"道义"为圭臬，"胜"而无德，则"胜"自不必"优"；"败"而有德，虽败也不必"劣"，正所谓"胜不必优败不必劣，各当其时"④。杜亚

---

①　蔡元培. 致新青年记者［J］. 新青年，1917（1）.
②　章太炎. 章太炎全集：第三卷［M］. 上海：上海人民出版社，1984：286.
③　章太炎. 章太炎全集：第四卷［M］. 上海：上海人民出版社，1985：387.
④　章太炎. 章太炎全集：第三卷［M］. 上海：上海人民出版社，1984：383.

泉亦曾指出："现在道德观念，竟以权力或意志为本位，而判定是否道德，则在力不在理。"①

第三，代嬗史观、进化史观、进步史观等理论范式是在引进西方现代伦理观念的基础上建立起来的，不仅有一个从西方到中国的"本土化"问题，特别是进化史观还有一个从自然科学领域（生物进化论）引入社会科学领域（社会进化论）再移植到人文科学领域的"学科领域转化"问题。这样一来，这些理论范式是否具有理论适应性，有待实践去检验。这是其一。其二，移植者对进化论理解缺乏辩证思维，多少有些机械化。例如，李大钊由经济上解释中国近代思想变动的原因，认为："西洋的工业经济来压迫东洋的农业经济了！孔门伦理的基础就根本动摇了！"②"中国的经济变动了"，"大家族制度既入了崩颓粉碎的运命，孔子主义也不能不跟着崩颓粉碎了"。③ 这些论述在当时虽有思想进步的合理性，但同时在理论上也存在只讲道德之"变"而不讲道德之"常"的片面性。

第四，进化史观论特别是进步史观认为伦理文化的变迁必然是越来越"进步"的，然后找材料来"探讨"或者"证明"之。这种思想是深受"史观派"那种僵化、教条化的方法论所影响的。事实上，伦理文化的变迁并非直线进化的，而是一个优化与退化相统一的运动过程。恩格斯曾经说过：

有机物发展中的每一进化同时又是退化，因为它巩固一个方面

---

① 杜亚泉.战后东西文明之调和［C］//周月峰.中国近代思想家文库（杜亚泉卷）.北京：中国人民大学出版社，2014：359.

② 李大钊.李大钊文集：下册［M］.北京：人民出版社，1984：179.

③ 李大钊.李大钊文集：下册［M］.北京：人民出版社，1984：182.

的发展，排除其他许多方面的发展的可能性。①

列宁也在正确理解进化与退化辩证关系的基础上指出：

把世界历史设想成一帆风顺地向前发展，不会有时向后做巨大的跳跃，那是不辩证的，不科学的，在理论上是不正确的。②

我们只要实事求是地考察一下不同地域、民族和国家的伦理文化变迁过程，就能清晰地看到，任何一个民族和国家的伦理文化都不存在"只优化不退化"的必然性。社会中每一种价值观念都有自己独立的变迁历程，人们无法证明某一种价值观念是另一种价值观念的高级形态，也没有证据证明后出的价值观念一定优于前出的价值观念。

第五，伦理文化的进步性，并不是进步史观所强调的完全具有空间上的"齐一性"与时间上的"恒定性"。事实上，伦理文化变迁的动力是一个由多重因素构成的系统，其中人的利益需求、社会道德环境的挑战、科学技术的发展等，都各自发挥作用，但只有人的实践活动才是源动力。人们应该承认伦理文化进步的必然性，但也应该明确拒斥那种机械决定论的片面性。对于"伦理文化是不是发展了"问题的解答，如果撇开偏见或是不用抽象的观念，而是从人们自身的生活经验以及可以切身体会到的社会变迁来考量的话，应该承认伦理文化总体上是进步的。当然，现实与理想有一定的历史间距，"进步"也并不意味着"完美"。基于对伦理文化变迁中的优化与退化之关系的辩证理解，人们可以发现，在伦理文化由低级阶段发展到高级阶段的过程中，一部分原来

---

① 马克思，恩格斯. 马克思恩格斯全集：第二十卷［M］. 北京：人民出版社，1971：652.

② 列宁. 列宁选集：第二卷［M］. 北京：人民出版社，1972：851.

仅仅以某种征兆的方式表现出来的观念通过变迁而发展成为共识性的伦理道德观念，即为优化；而另一部分原来既定存在的伦理道德观念通过变迁而成为旧观念或是伪道德，即为退化。

第六，所谓伦理文化的"进步"，不单单是指时间序列上的"后来"或是空间序列上的"外来"，更是指"越来越好"的价值判断，即"事物由不甚令人满意的状况逐步改善为更令人满意的状况"，因此，进步是"价值与事实交织互证的历史观念"①。向前或是外引并不意味着进步。当人们说某个特定历史的伦理文化相对于以前历史阶段是"进步的"，或者说是比以前历史阶段"更高级"的时候，显然不是指该历史阶段的伦理文化在时间序列上是"后来"的，或是从其他民族国家引进来的。换言之，伦理文化的进步，并不是某种价值观念消亡与另一种价值观念的接着萌生；后生的价值观念在应然层面上，很可能是"不伦理的"。伦理文化的进步，也不是引进某个民族国家的价值观念；外引的价值观念很可能会侵蚀传统的优秀价值观念。人们必须清醒地意识到，伦理文化的变迁，既有优化，也有退化。后来阶段的伦理文化是否"进步"，是否"更高级"，都取决于后来阶段的伦理文化内容是否更加促进了生产力的发展，是否更加促进了人性的解放。正如恩格斯在《反杜林论》中说的道德具有进步性一样，是指伴随着原来的经济状况被新的经济状况所代替，人们在新的历史条件建构起新的道德规范体系，由"全面而自由发展的人"代替"单向度的人"。

第七，人性完善的确立，必须有一个前提，即设定理想人格确立的标准，以此标准去勾勒趋向理想人格的基本轨迹。如果没有一个检验标准，进步如何判断呢？如果说有一个理想人格的确立标准，就像各种乌托邦所展示的那样，以"终局目的，必达于尽善醇美之区"为前提，那么，又如何使目的论不走向独断论？更何况，现实的伦理生活正像章

---

① 姚军毅．论进步观念［M］．北京：中国社会科学出版社，2000：41.

太炎在 20 世纪初所观察的，善在进化，恶也在进化，即道德状况的主流是发展进步的，但在一些时段、一些领域和一些人群中也表现出突出的社会道德问题来。

（三）立足于"现实生活过程"：一种更为合理、科学的解释

既然代嬗史观、进化史观、进步史观在解释力上各有所短，那么，人们该怎样来认清民族伦理文化变迁过程呢？我们认为应该在三个方面立足于"现实生活过程"来探讨民族伦理文化变迁问题。

其一，从社会民众的"现实生活过程"来剖析伦理文化形态的形成与基本属性。社会民众的"现实生活过程"就是社会生活实践，它是整个社会上层建筑的历史根基。正是这个历史根基，生发了社会民众最为普遍的观念意识，由此而赋予了相应社会形态中伦理文化的基本属性与主要特征。例如，土家族地区生态环境在改土归流前后有较大反差，就是因为土家民众的"现实生活过程"截然不同。在改土归流之前，起先因为观念蒙昧而凭借原始思维将种种自然力量与社会力量进行神化，进而在客观上使得善待自然的观念深入人心；后来模塑出了在农业社会主要的生计方式——刀耕火种和牛耕种植，虽说这种传统生计方式中的技术和知识在生态保护上不是俱全的，但可以弥补在生态环境保护过程中其他手段的不足。但在改土归流之后，则是"前此四山树木荫森，故烟岚雾瘴最甚，今则斫伐无存"①，地"被水冲刷，难以垦复田亩共一千五百七亩有奇"②，为什么会出现此种情况呢？因为土家族民众大肆垦殖。由于过度垦殖，不可避免地造成森林资源减少，野生动物资源萎缩，水土流失，水旱灾害频发等。

其二，从统治阶级或正在发展为统治阶级的"现实生活过程"来

① 蒋琦溥，林书勋，蒋先达. 光绪乾州厅志［M］. 南京：江苏古籍出版社，2002：115.

② 清实录·高宗纯皇帝实录·卷八二［M］. 北京：中华书局，1985：9225.

剖析某一历史时段占据主流或即将成为主流的伦理文化。在阶级社会里，要研究伦理文化的变迁历史，就必须了解统治阶级的"现实生活过程"。这是因为"统治阶级的思想在每一时代都是占统治地位的思想……占统治地位的思想不过是占统治地位的物质关系在观念上的表现"①。那统治阶级的"现实生活过程"是什么呢？按照马克思主义理解，他们的"现实生活过程"就是对生产资料的占有、对生产过程的支配、对生产产品的分配、对政治权力的运作、对文化领域的控制、对生态环境的利用等。所有这些，都体现了统治阶级对伦理文化的支配性和主导性，也体现了统治阶级赋予了伦理文化以特定的思想内涵和表达形式。例如，改土归流后土家族民众大肆垦殖，这既有民众维持生计的需要，更主要是受统治者垦荒政策的影响。又如，湘西土家族苗族自治州森林覆盖率在70%以上，但90%以上都是幼龄林，这是因为受国家退耕还林政策的影响。

其三，从思想家本人的"现实生活过程"来剖析其伦理思想的内涵与本质。人们研究伦理文化变迁，一个重要的方面就是要研究不同历史时期思想家的思想。例如，讨论土家族人忠君意识弱化与爱国主义精神强化问题，朱和中、温朝钟、席正铭、向警予、赵世炎、卓炯、沈从文等都是不可回避的历史人物。而人的思想之形成离不开其人生经历，总会或多或少、或深或浅地受到家庭生活、社会关系以及各种社会活动的影响。如此一来，就必须深入地考察思想家的家世谱系、社会关系、学术活动等。作为研究者，必须了解原作者实际上说了什么；而要了解原作者实际上说了什么，又必须掌握确切的文献材料（文稿、传记、年谱等）。只有掌握了确切的文献材料，才能从字面意义上回答原作者实际上说了什么。但是，仅驻足于此是不够的，还要在此基础上分析原

---

① 马克思，恩格斯. 马克思恩格斯文集：第一卷［M］. 北京：人民出版社，2009：550.

作者真正意味着什么，即挖掘文献材料中原有文句蕴藏着的丰富内涵。而解读原作者思想，并不是简单、粗暴地用自己的逻辑去解释原作者的观点，更不是将自己的解释强加于原作者，而是立足于原作者及其思想的出场语境与出场路径去推敲其思想的深层意涵，避免那种脱离原作者"现实生活过程"的任我解释的学术门径。唯有这样，才契合唯物史观的研究理路。因为这样的学术门径，既注意到了原作者的"现实生活过程"对其思想形成与发展的重要影响，又注意到了由此而产生的原作者在思想表述上的差异性。不过，按照唯物史观的要求，当研究者通过文稿、传记、年谱等文献材料来梳理原作者的"现实生活过程"时，务必把原作者的"现实生活过程"与作为"大他者"的时代背景相结合而加以审视。毕竟思想家始终是置身于某一时代的个体以及为某一阶级服务的，他的思想总会或深或浅地打上时代与阶级的烙印。

三、民族伦理文化的退化与优化

伦理文化是具有"人为性"与"为人性"的，而且理性的省察和历史的经验能够支持伦理文化"为人而存在，具有为人的目的取向"①，但并不是说实存的伦理文化总是为人的，它可能会背离为人的目的取向，甚至危害人。因此，在伦理文化历史变迁过程中，既可能在满足约束条件下加以改变或选择使之优良，从而实现为人的目的，也可能存在由优变劣，从而背离为人的目的。前者可称为伦理文化的优化，后者可称为伦理文化的退化。

如前文所说，按照人有类性、群体性与个体性三重存在样态来看，民族伦理文化应该可以划分为体现民族性的观照类性的伦理文化、观照

---

① 周忠华，易小明. 人为性与为人性：道德的本质属性 [J]. 唯实，2008 (01)：29-31，90.

群体性的伦理文化与观照个体性的伦理文化三个层次，那么，伦理文化的退化也就存在三种类型，即类伦理文化的退化，于外表现为生态危机——为我关系对人与自然同一性限度的超越，于内表现为公共世界的缺失——人类社会成为单向度的；群体伦理文化的退化，于外表现为强势族群（或国家）对弱势族群（或国家）推行的强权政治或霸权主义，和平与发展的时代精神受到冲击，于内表现为集体无良知或者是共同体无意识；个体伦理文化的退化，于外表现为对他者工具性价值的过度追求，于内表现为个体自身道德情感的泯灭。虽说我们将伦理文化划分为这三种样态，但这并不意味着这三种样态之间是完全脱离的。事实上，这三种样态的区分只是相对的，而且这种区分丝毫不能否认它们之间存在的内在同一性。因为人是类性、群体性和个体性的统一，而伦理道德与人亦存在着同一性关系。

如果我们从伦理道德"人为性"与"为人性"相统一的角度来审视，伦理文化退化中的历史悲剧亦有三种类型，即"人为性"退化、"为人性"退化、"人为为人"的总体性退化。

（一）"人为性"退化：人为的方式以及结果背离历史发展趋势

"人为"本身是个中性概念，它仅体现人的能动性、选择性、创造性等主体性。但是，"人为"的方式以及结果却是可做出某种评判的：究竟是进步的，还是退步的？究竟是符合历史发展趋势的，还是背离历史发展趋势的？究竟是为人的，还是背离人的？道德是人为之物，它是作为历史主体的人在现实所定的历史"可能性空间"内进行自主作为的结果。人如何去过道德的生活，过出什么样的道德生活来，从根本上取决于人的作为。"因为人是选择者，人自己决定自己整个的生活。"①汉斯－格奥尔格·伽达默尔（Hans－Georg Gadamer）如是说。事物在

---

① 汉斯－格奥尔格·伽达默尔.赞美理论——伽达默尔选集［M］.夏镇平，译.上海：上海三联书店，1988：102.

人为中铺开，意义在人为中显现。然而，"人的每一种作为都是一场巨大的风险，它必然给人类带来难以承受的种种后果"①。如何正确地作为成为人无法回避的根本性问题。对此问题的追问反映了人对生命、生活的价值承付和价值担当意识，是对自我的负责。此问题不问，生活的伦理性便形同虚设，人为也无所谓复杂不复杂、确定不确定、痛苦不痛苦，因为人为变成了无须思考之事，变成了无须评判与断定之事，变成了怎么人为都可以的情况。而如此的人为则很可能使人偏离正确的生活方向，背离为人的目的取向，导致人性的堕落。

造成人为的方式以及结果背离历史发展趋势，或是说背离为人的目的取向的原因主要有如下几点。

第一，道德的个体化或主观化。道德的个体化或主观化的思想有着较长的历史渊源。远在古希腊时代的智者派基本主张与思想就可以看作道德的个体化或主观化的最早先声。他们不承认有超越个体的更高的价值追求与人生目的，也不承认有什么普遍的道德原则，主张每个人所做的任何价值判断皆出自个人的情感、欲望与利益，因此，善恶好坏的标准仅仅取决于个人的感受与体验，即个体且唯有个体才能成为道德选择的支配者与道德批判的仲裁者。实用主义、分析伦理学中的情感主义、存在主义和境遇论伦理学的道德观点与道德主张都是与道德的个体化或主观化的基本观点相一致的，这自然在很大程度上促进了道德的个体化或主观化思想的扩展。

道德的个体化或主观化，并不是说不存在道德了，只是说道德已经变成主观化或私人化的东西了，道德成为个体主观赋予和主观选择的东西，如马克斯·韦伯（Max Weber）指出道德仅仅是个体主动选择的结果，而让－保罗·萨特也强调道德只是个体自己挑选的意义而已。一个

---

① 艾伦·布普姆. 走向封闭的美国精神［M］. 缪青，宋丽娜，等，译. 北京：中国社会科学出版社，1994：244.

事物是否有规范意义，完全取决于人们的主观看法与态度。道德价值的正当性和权威性的基础是个体的良知，如何理解道德价值，根据何种道德信念来生活完全是个体自我选择的事情，没有任何外在的权威为个体提供既定的道德知识，也没有任何外在的力量来干涉个体对生活意义的阐释和对生活方式的选择，每个人都拥有不同的选择标准，且这种标准只适合于他自己，个人成为道德价值的至高无上的唯一合法权威和仲裁者。个体主观性原则成为现代性伦理学论证道德合理性的基点。个人成了新的"上帝"。

于是，在道德的个体化或主观化的视野里，任何非个人的、具有普遍性和客观性的道德的存在就失去了合法性。可以说，现代道德的危机恰恰在于人类传统德行根基的丧失导致了客观的、非个人的道德标准的丧失。阿拉斯戴尔·麦金太尔（Alasdair MacIntyre）就认为：

> 道德行为者从传统道德的外在权威中解放出来的代价是，新的自律行为者的任何所谓的道德言辞都失去了全部权威性内容。各个道德行为者可以不受外在神的律法、自然目的论或等级制度的权威的约束来表达自己的主张。①

于是，每个道德主体基于各自不同的利益关系与价值追求选择适合自己的价值观念与生活方式，这是他们的权利。而在权利的护卫下，人们只是随心所欲地根据自己的利益来选择，却丝毫不关心选择的真实内容，不关心做何选择是真正有价值的，而这自然会导致这样的结果，只要是个体做出的选择，那就是正确的，合理的不同个体之间做出的选择是无法进行比较的，因此也是不能否定的。在这里，个体的选择完成了

---

① 阿拉斯戴尔·麦金太尔. 德行之后［M］. 龚群，戴扬毅，等，译. 北京：中国社会科学出版社，1995：87.

一个转变，即从自我选择的合法性过渡到了自我选择的合理性，从而导致了合法性的泛滥。这不仅未能更好地展现人性的巨大可能性，反而在很大程度上限制了人生活的可能性，使生活变得贫瘠和狭窄，而这事实上导致的是人选择能力的弱化与选择空间的窄化。

第二，道德的欲望化或需求化。刘小枫指出，现代哲学不仅有科学理性化的推进，还有肉身化感觉本体的推进。路德维希·费尔巴哈（Ludwig Feuerbach）的未来哲学宣告的本体化的肉身成为现代哲学的一个阿基米德点。通过卡尔·马克思的历史——经济人概念、弗里德里希·尼采的原欲生命对道德理性的造反、马丁·海德格尔（Martin Heidegger）的此在释义论对本质形而上学的解构和米歇尔·福柯（Michel Foucault）的"权力翻识论"对历史科学、人文学的拆除，以肉身为基点的哲学攻击范围不断扩大，刘小枫甚至认为从逻各斯转向肉体，其意义甚至大于哲学的科学化。而这也就是马克斯·舍勒（Max Scheler）所指出的本能造反逻各斯的现代哲学思想运动。① 事实上，本能冲动造反逻各斯、欲求的本能反抗精神的控制、感性的冲动冲破精神的整体情愫是人类一场永久的运动，只是在不同的时代、不同的主体那里，造反、反抗和冲破的程度不同而已。"欲望主体"在任何时代都存在着，任何人都是"欲望主体"。

但是，道德一旦欲望化或需求化后，道德生活只是个体感觉欲望释放与满足的场域，道德存在的价值也就是服务于个体对感觉欲望的追求和满足，人们的作为也是为了满足自己的各种各样的欲望、各种本能性的刺激，缺乏对当下生活的体悟、对生活意义的思索。

因此，道德选择变成了个人感觉性体现的标尺，个体在这种选择中没有积极的价值体验和价值感受，体验不到道德的价值和生活的意义，体验不到精神的提升，"现代人喜欢追求种种伪造的理想：在这些名目

---

① 转引刘小枫. 现代性社会理论绪论 ［M］. 上海：上海三联书店，1998：159 – 160.

繁多的理想中，生活的所有实质内容变得越来越形式化的空洞，越来越没有个体灵魂的痕印，生命质地越来越稀薄，人的自我却把根本不再是个体生命感觉的东西当作自己灵魂无可置疑的财富"①。

因此，现代的道德教育信奉的是完全主观随意性的道德而非客观必然的道德规范，是身体的快乐的道德，而非心灵的精神的道义，是随机的兴趣模仿或游戏体验，而非执着坚定的价值信念和严肃主义的高尚或理想，是非连续的激情跳跃和嘈杂的异质强调，而非连贯的说教式道德言说。② 这是一种非道德化的道德教育。

第三，道德感性化。道德的感性化就是道德的"情感主义"，指道德世界中主观随意性横行一时，所有评价标准、道德判断标准丧失这一种社会现象。这种现象的出现，从一定意义上说也是道德退化的一种体现，其主要表现在以下几个方面。

其一，它强调个人的主观随意性，强调个人主观好恶的表达，一切以个人的态度、主观偏好作为根据，只强调人的情感性、感性直观，对于周围一切事物的看法，仅以自己的感性直觉去感知，缺乏对世界和事物的理性分析，由此得出的关于世界的认知是不全面的，也是不科学的。片面夸大人的感性直观和情感表达，而忽略了人类思维中的理性分析和逻辑表达，在人本性的意义上也是不合理的。伊曼努尔·康德（Immanuel Kant）曾经将人的本性世界一分为二，将人的本性世界划分为感性世界和理智世界，他对于这两个世界的认识本身是存在着矛盾的，但他认为在道德方面，道德世界是只要理性的，提出要以理性来抗拒感性，而道德就是要毫不留情地摈弃经验，克服第一世界中人的动物性，遵从、弘扬第三世界中的理性。伊曼努尔·康德关于这两个世界的划分，对于理智世界的强调是显而易见的，他虽因此否定了感性世界，

---

① 刘小枫. 刺猬的温顺 [M]. 上海：上海文艺出版社，2002：61–62.

② 万俊人. 现代性的伦理话语 [M]. 哈尔滨：黑龙江人民出版社，2002：35.

陷入了片面性的泥沼，但其对于理性、理智的强调对当下道德世界中普遍流行的感性化现象的批判是具有一定的深刻意义和作用的。

其二，感性主义强调个人的独立性，强调个人与客观环境的脱离，认为个人是不用依附社会背景的道德主体，这样关于自我的认识，实际是把自我置于个体孤立的地位中，把自我放进了一个没有社会环境规定的主观随意的社会中。由此，人与人之间的关系变成了没有任何联系的、相互独立的孤立个体，世界支离破碎，不再是一个完整和谐的统一体，个人都只为了自己的利益而活，只根据自己的内心体验和道德情感而存在，每个个体之间没有了任何交流，社会对于人来说完全陌生，是没有任何意义的虚幻体，人的社会性也因此丧失。根据马克思唯物主义的科学观点，世界中的万事万物都处在相互联系的状态中，个人与社会是紧密相连的，个人是社会的个人，社会也是各个个体有机地组合在一起的。而在"情感主义"盛行的社会中，这一切显然已经成了一种虚幻和奢望。

其三，感性主义取缔了一切评价标准和判断标准，世界已然成了无标准可借助的世界，一切的判断都为个人好恶、主观情感所取代，没有了客观标准和尺度。然而，我们知道，真正意义上人的生活是一种本真的生命性的生活，这样的生活是人按照自己的理念，按照人之为人的美好愿望，按照本真的"人"的尺度，按照真善美的价值标准来实现的，真正人的生活本身也是有价值理念和判断标准的。我们的道德世界、道德生活要体现人的丰富的生命内涵，要符合真正人的道德本性，也要形成一个开放的、超越的、与人的本性相符合的道德评价标准，而不是肆意妄为、任意宣泄自己的情感意识和主观偏好，以致整个道德世界陷入一种感性化。感性化的流行是文化异化的一种体现，感性主义的盛行使得人的道德生活无法真正表达人的本性生命，使得人在伦理道德的论域中丧失人的本性，导致了道德世界中道德与人本性的背离，最终造成人的本质的异化。

以上从道德的个体化或主观化、道德的欲望化或需求化、道德感性化三个方面对道德"人为性"退化方面进行了分析，自然有片面之处，但也可以大体上折射或反映出道德人为性的真实情况。在此还要强调的是，我们对其进行区分，只是为了行文的方便。从不同的方面揭示道德"人为性"的退化，这并不是说这三个方面是相互孤立、相互隔离的。事实上，这三个方面在很大程度上具有内在的一致性，或许正是三者交互作用导致了道德人为性的退化——只关心怎样进行人为的能力和艺术，而不关心什么样的人为具有为人的目的意义。

（二）"为人性"的退化：虚假的为人目的

人是自己活动的出发点，人的一切活动都是为了满足自己的物质生活和精神生活而展开的。所以，人与对象的关系是一种为"我"而存在的关系，正如卡尔·马克思和弗里德里希·恩格斯所说：

> 凡是有某种关系存在的地方，这种关系都是为我而存在的；动物不对什么东西发生关系，而且根本没有"关系"；对于动物说来，它对他物的关系不是作为关系存在的。①

这说明在这个世界上，"人始终是主体"②，作为主体，其他自然物和人为物只能作为客体为人所利用。因此，道德主体的活动总是从满足自身需要出发来确定道德活动的目的与动机。这些都体现了人类活动的合目的性原则，体现了为人性的价值取向。

为什么说为人性体现道德对象化活动的价值取向呢？原因有两个。第一，为人性体现着价值关系及其观念反映。人生活在世界之中，人的

---

① 马克思，恩格斯.马克思恩格斯选集：第一卷［M］.北京：人民出版社，1995：81.

② 马克思.1844年经济学哲学手稿［M］.北京：人民出版社，2000：83.

生存与发展必须依赖于外部世界。但是，外部世界并不会自动地满足人的需求。为此，人必须形成一定的社会关系，并以此为基础来改造世界。这样，就有了主客体之分，并在主客体之间的关系中形成了为我关系和为人性。为人性就是从主体生存和发展的需求出发在物质形态和观念形态上对待客体的关系，因此，在本质上就是价值关系及其观念反映。第二，为人性是人与意义世界相联系的"场"。一事物之所以能为人，是因为它被纳入人关系之中，凡是不能纳入此范围内的事物就不能与人发生实践关系及在其基础上的认识关系。而"在我们的视野的范围之外，存在甚至完全是个悬而未决的问题"①。这样，通过人这一"场"的事物总要带上"为人"的特征。

造成道德"为人性"方面退化或者说造成道德虚假的为人目的的原因主要有以下几个方面。

第一，道德目的性与工具性相分离。人的活动总是充满着目的性并指向一定的目的，目的性是人高于并优于动物的本质属性之所在。人从对目的的追求和确立中发现了适合目的的工具或手段，工具或手段的认定与运用强化并推动目的的实现。人不能没有目的，人也不能没有工具或手段，目的和手段建构起了完整的人生。因此，对人来说，目的是有价值的，工具或手段也是有价值的，而且人世间的一切价值大略地看无非是作为目的的价值和作为工具或手段的价值。道德作为人类实践精神把握世界的一种方式，作为一种人的本质力量，既具有目的的意义和价值，亦具有工具的意义和价值。

威廉·弗兰肯纳（William Frankena）明显地从工具主义意义上去理解人与道德的关系，他说"道德的建立是为了人，但不能说人的生存是为了体现道德"或者说"道德是为了人而产生，但不能说人的生

---

① 马克思，恩格斯.马克思恩格斯选集：第三卷［M］.北京：人民出版社，1995：292.

存是为了体现道德而存在的"①。事实上，道德是作为人得以存续的充分必要条件之一来维系人的延续的。

如果说，我们只从工具性角度去理解道德的为人性，那么，道德的合理性及其价值就在于促成这些非道德目的的实现。如果不能促成这些非道德目的的实现，道德的存在就是多余的或不必要的。这就意味着非道德目的的价值远远高于并优于道德本身的价值，道德应当成为人们谋利计功或追求人生幸福的工具或手段，为人们追求功利和幸福进行价值论证和伦理辩护是道德发挥作用的主要方式。这就势必大大强化人们和社会的功利意识和功利追求，导致道德功利主义和实用主义泛滥的局面。更为重要的是，使道德仅具有工具或手段的价值，在现实生活中必然助长功利主义和实用主义的风习，造成整个社会的道德堕落和道德危机。

如果说，我们只从目的性角度去理解道德的为人性，道德的追求必须以牺牲人的物质欲望和功利幸福为条件，那么，道德天生即是反功利反幸福的。这种权威主义和绝对主义的道德观完全有可能扼杀人的个性和现实幸福，否定功利效果的真正意义和价值。可见，过分地强调道德的目的性并不能真正地确立道德的价值，反而还会妨碍道德价值的真正实现。将人绝对置于道德的宰制与统治之下，使人纯粹成为道德目的的工具，也许既是人的不幸又是道德的不幸。道德外化于人、高出于人之上并成为人生存的唯一目的，是道德本质的严重异化，它只能使道德成为被人嫌憎怨恨的东西，遭到人的无情反对和抛弃。

第二，道德主体客体非双向化运动。对于道德主体客体的关系问题，有人主张"单一主体论"，也有人主张"超越主客体论"，这些非科学化的观点很容易使道德在"为人性"方面发生异化。

"单一主体论"认为，道德活动是道德主客体双方共同活动的过

---

① William Frankena. Ethics［M］. New Jersey：Englewood Cliffs，1973.

程，道德活动的主体不仅包括道德主体，也包括道德客体，道德主客体互为同一体。从整个活动过程看，道德活动是内化与外化的统一。在内化过程中以接受为主，接受主体是活动的主体，在外化过程中以践履为主，践履主体是活动的主体，接受与践履是同一主体完成的，换言之，道德主体是道德客体，道德客体是道德主体。因此，道德活动过程是单一的"主—客"运动模式。

"超越主客体论"认为，主、客体关系是二元对立思维方式的体现，用"主客体"来概括道德主客体的关系是不够适当和贴切的。这种观点认为，人与人之间的活动不应该用"主客体关系"来说明，因为人与人之间的活动是交互性的，而不是对立性的。道德活动中的道德主客体是人—人的非对象性关系，是一种超越主客体关系的互主体性关系，而不是"主体—客体"的关系。

事实上，人的任何一种现实活动都是这样一种双向运动，即主体趋向于客体和客体趋向于主体的运动，亦即主体性作用于客体性而客体性也反作用于主体性的运动。在道德领域，任何人既是道德的主体又是道德的客体。当自我向外扩张，向他人提出道德要求时，自己是主体；当主体返回自身内部，自己给自己提出约束，进行限制，以自我为道德反思的对象时，自我就是客体。而且，道德活动不单是纯粹的主观活动，道德实践需要一定的客观环境和社会外部条件。以上两种观点，均表现了道德主体客体非双向化运动。道德主体客体非双向化运动，无论是主体或是客体，都将失去意义或丧失可能。道德主体与道德客体均是以对方的存在为前提条件的，没有主体就无所谓客体，同样没有客体也就无所谓主体。我们如果只把目光盯在主体作用的发挥上，而无视客体主观能动性的发挥，或者一味地围绕着客体的喜好来审视主体的作用，其结果只能是事倍功半或前功尽弃，道德也就发挥不了太大的作用。

第三，为他性与为我性相分离。古往今来，社会所要求的、人所践履的道德具有为他性。这就是说，道德总是劝导和要求人为他人，社会生活中常用的道德规范是舍己为人、助人为乐。这种为他性，诚如《中国大百科全书·哲学》所概括的那样，它是道德的明显特征之一，"它要求个人对社会和他人履行义务，以至必要时做出不同程度的自我节制和或多或少的自我牺牲"①。

另一方面，道德又具有为我性。为我性是人作为人的一个基本规定，是人的一种必然。马克思说："现实的人"，"以一定的方式进行生产活动的个人"，在任何情况下，这些"个人总是从自己出发的"。又说："各个人的出发点总是他自己，不过当然是处于既有的历史条件和关系范围之内的自己，而不是玄想家所理解的'纯粹的'个人。"② 现实中人的这种为我性是无法根本消除的。社会领域，包括道德领域在内，能够限制的只是为我的对象性内容、形式等，而不可能消除为我自身。现实生活中的人的道德，也是不可能没有为我性的。

错误的只是将其中某一点用来否定或排斥另一点，致使道德为他性与为我性相分离。鲁迅曾说，那些劝别人勿讲利益专论精神的人，若是剖开他们的肚皮，总会发现里面还有许多鸡肉鱼翅没有消化。从深层次看，道德的为他性与为我性是互相兼容、互相渗透、有机统一的。为他不是无我，为我必须为他；"道德行为的真谛在于有我而利他"③。

以上从道德工具性与目的性相分离、道德主体与客体单向度运动和道德为他性与为我性相分离三个方面对道德"为人性"退化方面进行了分析，当然也有片面之处，但同样在大体上折射或反映出道德为人性的真实情况。

---

① 胡绳，等．中国大百科全书：哲学卷 [M]．北京：中国大百科全书出版社，1985：125.

② 马克思，恩格斯．马克思恩格斯选集：第一卷 [M]．北京：人民出版社，1995：119.

③ 李德顺，孙伟平．道德读本 [M]．长春：吉林文史出版社，1996：51.

（三）"总体性"退化：实践中"人为为人"性的不对称

如前所述，人具有三重感性存在样态（类、群体、个体），与人存在共生性关系的道德亦在主体方面具有三个层次，即道德的类主体、群体主体和个体主体。因此，道德的人为性与为人性也就具有相应的层次性：因作为类的人而生的道德是为了类的，因作为群体的人而生的道德是为了群体的，因作为个体的人而生的道德是为了个体的。但这三个层次并不是彼此孤立、互不影响的，它们有着内在逻辑联系：一是相互依存、互为表里；二是整体与部分紧密相联、差异协同，矛盾运动、共铸完美。但在现实中，我们发现两种倾向：一是只注重同一性的"人为为人"，即因作为类的人而生的道德只是为了类的，因作为群体的人而生的道德只是为了群体的，因作为个体的人而生的道德只是为了个体的，而没看到它们有着内在逻辑联系；二是只注重差异性的"人为为人"，造成了某种错位，即因作为类的人而生的道德不是为了类的，恰是为群体或个体；因作为群体的人而生的道德不是为了群体的，恰是为了类或个体；因作为个体的人而生的道德不是为了个体的，恰是为了类或群体。这种"一致"与"错位"，正好证明了人为的道德为何偏离为人的取向。

例如，在计划经济体制下，利益主体单一化，国家是各种利益的总代表。尽管强调兼顾各方利益，但事实上存在着强化国家利益、弱化其他主体利益的倾向。因此，为群体利益的道德十分突显。而当今时代是市场经济条件下个体化发展不断突显的时代，这时的道德应当首先向个体发展，然后向三重利益和谐实现的方向迈进，而不应当始终高高地悬挂在群体本位层次。由于传统观念看不到"为类""为群体""为个体"三种道德之间存在着的历史差异，往往习惯于用抽象的所谓"高层次"的道德合理性来占用所谓"低层次"的道德合理性的存在空间，即习惯于用"为类道德"的"崇高性"来遮蔽"为群体道德"的合理性与内升性，用"为群体道德"的"崇高性"来遮蔽"为个体道德"
的合理性与内升性①。结果，必然导致道德规范与人们现实行为的分
离，即社会宣扬的是一套规范，人们实行的则是另一套规范，这样的不
切民众实际的道德其实根本无法产生其应有的规范作用。这种用所谓
"高层次"的道德否弃"低层次"的道德，从而阻止"高层次"的
"为群体道德"向"低层次"的"为个体道德"的发展的做法，本质
上是用"抽象理想化"的道德价值观来否弃道德发展的历史必然，是
一种认知方式的错位。

事实上，有着过分夸大"崇高性"倾向的道德，与"从事实际活
动的人"的现实需要是严重脱离的。这就使得调节人们利益的、"适
然"的社会道德没有产生，从而使现有的道德不能满足人们日益增长
的物质、文化的需要，有着明显的"虚幻性"。这样也就把人们自觉
的、自愿的、内在的"自律"道德变成了强加的、强迫的、外在的
"他律"，使原本应该是"自律"和"他律"相结合的"适然"道德不
能产生。在过分夸大"崇高性"倾向的道德话语中，由于先验地预设
了托庇于"高层次"的自足，因而它就要求个体把一切道德责任和义
务表现为维护道德的"崇高性"；对于个体来说，奉献、服从、牺牲、
大公无私构成其社会生活的"道德律令"②。这样就把在社会应有的
"适然"道德忽视了，严重挫伤了人的积极性、创造性。

（四）伦理道德悲剧的消解与伦理文化优化

所有伦理道德悲剧都应尽量避免。问题在于人为的伦理道德偏离为
人的目的的历史悲剧究竟能否避免或消除？又该如何避免或消除？这个

---

① 易小明. 从传统道德观的认知失误看"为个体道德"生成的艰难性 [J]. 哲学研
究，2007（06）：118－122.
② 卢坤. 从个体伦理到"集体与个体"二维伦理——论当代集体主义道德建构路径
[J]. 哲学研究，2005（03）：114－119.

问题很重要，事关伦理文化的今后走向与优化。

根据前面对三种类型退化之根源的揭示，可以知道，不同类型退化的发生，有其不尽相同的原因。既然如此，只要再进而分析这些原因是不是必然存在且不可克服的，就可以知道道德历史悲剧是否可以避免。

对于"人为性"退化的消解主要是从以下三个方面进行的：

一是对道德个体化或主观化的消解。正如前所述，道德个体化或主观化使非个人的、具有普遍性的道德存在丧失了合法性。当然，我们也并不否认社会中的个体选择和主观赋予，因为人履行道德义务的动机是可选择的，并且，人履行道德义务是行为主体的自由选择。但是，个体选择和主观赋予须与社会普遍要求相一致。

因为个体始终是社会共同体的一员，不论是全能性共同体还是功能性共同体①，或是马克思主义所说的人类社会发展的"三形态"还是"五形态"任何一个历史阶段，共同体成员的所有需求的满足，不论是物质的还是精神的，都或多或少甚至是完全在共同体中实现，共同体是个体生存的边界，个体不能超越共同体的成员身份而成为独立者，这就决定了共同体的秩序规范本身就是社会的秩序规范，进而决定了道德个体化或主观化须与社会普遍道德要求保持一致。更不用说在共同体，特别是功能性共同体中，个体的需求得不到完全的满足，所以他不完全隶属于某一个共同体，而是同时隶属于多个共同体，这样一来，个体必须超越单一共同体直面整个社会，进入公共领域，才能满足所有需求。最重要的是，如果将个体的特殊行为规范普遍化为所有共同体及其成员的行为规范，就违背了公共领域中的平等原则。

因此，不论是个体选择还是社会普遍要求，都必须以二者的统一性为前提和基础。比如说，侵蚀巨额公款后再把一部分施舍给需要帮助的人，这并不是道德上的慷慨和给予；或将合法收入施给一个身强力壮本

---

① 李佑新. 走出现代性道德困境 [M]. 北京：人民出版社，2006：189.

该以劳动谋生的乞丐，也只是一种有害的糊涂，而不是积德①。

二是对道德感觉化或欲望化的消解。道德一旦被感觉化或欲望化，道德上的善恶价值就被归结为感觉上的快乐与痛苦，人们甚至于相信"单凭感觉就足以充实我们的心灵"②。特别是消费主义的生活方式更加促使感觉和欲望成为人生的主导原则。毫无疑问，感觉欲望上的满足，对于人的生存有其至关重要的作用，但是将人生的意义完全归结为感觉和欲望的满足，实际上是对人生意义和价值的消解。正如鲁道夫·奥伊肯（Rudolf Eucken）所说：

> 倘若人不能依靠一种比人更高的力量努力去追求某个崇高和目标，并在向目标前进时做到比在感觉经验条件下更充分地实现他自己的话，生活必将丧失一切意义与价值。③

在道德上对感觉或欲望的肯定，在反对中世纪极端禁欲主义的意义上有其合理性，但是，道德本是对人的规范与要求。当人与人的利益发生矛盾时，在某种程度上让渡自己的利益，道德的崇高性和意义才真正彰显出来。如果仅将人生置放在感觉和欲望上，生活就"只是对外部刺激的反映""仅仅是对不断变化的环境的适应"④，从而人就"不能接受内在的友谊，不能接受互爱和尊重，无法抵制自然本能的命令，人们的行动受一种主导思想即自我保存的影响，这一动机使他们卷入越来

---

① 赵汀阳. 论可能生活 [M]. 北京：生活·读书·新知三联书店，1994：140.
② 卢梭. 漫步遐想 [M]. 徐继曾，译. 北京：人民文学出版社，1986：68.
③ 鲁道夫·奥伊肯. 生活的意义与价值 [M]. 万以，译. 上海：上海译文出版社，1997：41.
④ 鲁道夫·奥伊肯. 生活的意义与价值 [M]. 万以，译. 上海：上海译文出版社，1997：21.

越冷酷无情的竞争，无法以任何方式导致心灵的幸福"①。

正如格奥尔格·黑格尔在批评伊壁鸠鲁（Epicurus）的快乐主义道德原则时所说的：

> 如果我们考察伊壁鸠鲁道德学的抽象原则，我们的判断只能说它很不高明。如果感觉、愉快和不愉快可以作为衡量正义、善良、真实的标准，可以作为衡量什么应当是人生的目的的标准，那么，真正说来，道德就被取消，或者说，道德的原则事实上也就成了一个不道德的原则了——我们相信，如果这样，一切任意妄为将可以通行无阻。②

因此，我们必须对道德感觉化或欲望化进行消解，否则，在感觉和欲望至上的情况下，"不仅宗教在劫难逃，一切道德和正义也同样要毁灭"③。

三是对道德感性化的消解。情感主义之所以为情感主义，正如我们所知，是在于它把伦理判断实质上看作一种情感判断。伦理判断能够归结为只不过是一种情感判断吗？很显然，假如伦理判断讲到底不过是一种情感判断的话，所有的道德争论势将成为一种不可能。伊曼努尔·康德曾经指出，道德判断之所以是一种普遍判断，是因为它适用于所有的人。道德判断的这种非个人化的特点，给了我们每一个希望保持一种可接受的道德符号的人一个再好不过的理由。

---

① 鲁道夫·奥伊肯. 生活的意义与价值 [M]. 万以，译. 上海：上海译文出版社，1997：23.
② 格奥尔格·黑格尔. 哲学史讲演录：第三卷 [M]. 贺麟，译. 北京：商务印书馆，1959：73.
③ 鲁道夫·奥伊肯. 生活的意义与价值 [M]. 万以，译. 上海：上海译文出版社，1997：21.

因此，消解道德感性化的有效方式就是使道德感性与道德理性统一起来。我们之所以需要道德理性，是因为人们生存有社会性，任何一个社会都有自己的道德理性系统。理性是保证社会的健全存在和运作最普遍、最基本的道德价值。其实，以往的伦理学家也探讨道德的理性，其中最典型的表述是由伊曼努尔·康德做出的，即所谓的"可普遍化原则"。但是，伊曼努尔·康德的可普遍化原则是以自我为中心的，是想通过使个人的主观准则能成为客观的道德法则来实现的。这种自我中心的伦理观点是有问题的，伊曼努尔·康德也意识到了。比如说，"除我之外，把每个人都作手段"[1] 这样一条准则并无前后不一之处，但这不是道德的，所以，他们加了一个限制即"人是目的"。在我们看来，规范的价值基础必须经得起道德理性的批判，或者说，它们应该以正当的道德价值为基础。从这个意义上说，道德理性就是一种价值理性，它指导着一切工具理性、操作理性。正是在这个层次上，道德理性执行着社会批判功能。

此外，道德理性还有一项更根本的功能——对人的精神进行塑造，在这个问题上，是理性返指于人自身、道德主体，也就是说，要让人的情感、感受、意愿、欲望、意志等与理智相融渗，从而具备理智的普遍性，即得到普遍化。在正常情况下，如果人的情感没有得到普遍化，而又迫于道德律令的威慑，就只能体现为"义务命令你去做的事，你就深恶痛绝地去做"[2] 之类的情和理的二歧化。所以，要很好地展现理性，也要求人的情感得到较好的教化。

总之，道德本来就应该有理性和感性两个部分，它们本应该融合化通起来。

---

① 阿拉斯戴尔·麦金太尔. 德行之后 [M]. 龚群，戴扬毅，等，译. 北京：中国社会科学出版社，1995：61.

② 格奥尔格·黑格尔. 法哲学原理 [M]. 张企泰，范扬，译. 北京：商务印书馆，1982：127.

从"为人性"上看，消解道德退化的有效方式，是实现道德工具性与目的性有机统一、道德主体与客体双向互动和道德为他性与为我性有机统一。

其一，实现道德工具性与目的性有机统一。纵观道德产生发展的历史，人们也许会发现，无论是从道德目的性抑或是从道德工具性去"为人"都不是理想的，它们各有自己的所长，亦各有自己的所短，二者都含有将道德的目的性和工具性割裂开来的因素，因此都产生了自己特有的偏弊并难以良好地实现为人的目的取向。而今，当我们消解"为人性"异化，从对道德的认识和态度上讲，既不能简单地复兴道德目的论，亦不能重蹈道德工具论的覆辙，应当体现出对道德的全面理解和真正尊重，建构起一种道德目的和道德工具合一的为人观，在道德的理解和认识问题上，坚持目的和工具的辩证统一。

这种道德目的性和工具性的统一，既有视道德为目的和内在价值的一面，也有视道德为工具和外在价值的一面。正因为如此，道德目的性与道德工具性不是彼此对抗的，它们的相互渗透与相互补充，拓展了人的目的的丰富性与全面性，使人成为真正的名副其实意义上的道德动物。

道德目的性和工具性的统一，是人与道德关系的科学求解，确证着人的道德或道德的人的地位、价值和尊严。道德是人的道德，道德渗入人的本质和内在心灵，但道德又是人所创造并不断更新的。人既需要道德又在不断地运用和发展道德，由此而论，人既是道德的主体亦是道德的客体，而且人的这种主客体常常是辩证转化的。人作为道德的主体，总是能够表现出对道德的批判性审视、创造性利用和辩证性理解，显现出道德之为工具的一面；同时，人作为为自己所创造出来的道德的客体，也有自己服从自己所订立的目标和规范的需要，自己服从自己的"立法"，本质上是人自己服从自己的目的，是人的自我完善的表征和确证，这种服从显现出道德之为目的的一面。

道德目的性和工具性相统一，也是人的本质和特性的集中体现。马克思主义认为，人是目的与工具的合一，既是目的又是工具。卡尔·马克思还专就个人与他人的关系来论证人是目的与工具的统一，他说：

> （1）每个人只有作为另一个人的手段才能达到自己的目的；（2）每个人只有作为自我目的（自我的存在）才能成为另一个人的手段（为他的存在）；（3）每个人是手段，同时又是目的，而且只有成为手段才能达到自己的目的，只有把自己当作自我目的才能成为手段。①

既然人是目的与工具的统一，那么作为人的道德同样是而且也应当是目的与工具的统一。作为目的，道德无疑是人所应当追求和向往的，自有其神圣性和崇高性，因此人不能嘲笑和蔑视道德。作为手段或工具，道德无疑是人所应当利用和把握的，自有其本身的功利性和实用性。道德可以造就和谐的人际关系，使整个社会生活公正有序；道德可以为人排忧解难，疗治心灵的创伤。在现代市场经济条件下，道德还具有资本的属性②。将道德目的性和道德工具性综合起来，要求人们既要崇尚敬慕道德和追求向往道德，又要学会运用和驾驭道德，保持对道德的某种批判性理解和创造性运用，使道德为人的自由、和谐、全面的发展和完善服务。

其二，实现道德主体与客体双向互动。卡尔·马克思曾说："在生产中，人客体化；在人中，物主体化。"③ 这即是说，在实践中，人能

---

① 马克思，恩格斯. 马克思恩格斯全集：第四十六卷［M］. 北京：人民出版社，1979：196.
② 参见王小锡. 道德资本论［M］. 北京：人民出版社，2005：1.
③ 马克思，恩格斯. 马克思恩格斯选集：第二卷［M］. 北京：人民出版社，1995：92.

动地发挥发展自己的本质力量的过程，也就是将这些能力转化为客体性的东西的过程；而人的东西转化为客体的东西的过程，同时也就是物的东西转化为主体的东西的过程。这也就是说，人能够在对象面前做主，用自己的智慧之光和实践力量去照亮和改造对象，使之变成为人服务的东西，使之由"自在之物"变成"为我之物"。所以，人和对象的这种作用过程是一种主体客体化和客体主体化相统一的过程，即是说，主体通过认识和改造客体而将自己的内在需要、知识和本质力量外化出去、实现出去的过程，同时也就是客体变成人的需要对象和内在本质力量的积淀者的过程；亦是说，主体在创造新的存在条件的同时，创造了自己的新的存在状态。

从实践的角度来看，道德是道德主体不断地创造客体，使主体客体化，同时又用客体不断地塑造主体，使客体主体化的社会实践过程。即道德活动是一个主体客体化和客体主体化相统一的双向运动过程。人为的道德目的是为人，因此，道德主体客体化表现在许多方面，如：（1）受客体本性的制约，对道德主体的要求必然是依据客体客观发展规律加深影响，而且是内化为意义水平上的影响，而不是知行分离的机械水平上的影响；（2）受客体本性的制约，主体不断改变自己的思维操作程序，使推理规则更好地逼近现实；（3）受客体本性的制约，主体不断完善自己的实践技能，使主体实际操作与客体相匹配。道德主体客体化的这些表现都可以看成客体对主体的一种"选择"。那些依客体本性完善自己的主体有更多的成功机会，那些未客体化的主体的客观目的很难得以实现。

而道德客体主体化主要表现在人对伦理道德的需求。亚伯拉罕·马斯洛（Abraham Maslow）认为：

人的需要很少能完满地满足，而是动态地逐渐得到满足，道德修养主体积极外化并不断追求需要的社会价值，成为自我实现的人。①

所以道德主体要适应客体的自身规律，采用多种方式激活其需求原生状态，使其按主体的目的有意识地对关于道德的知识和信息重新组合，储存下来，借助信息库提供的手段和方法进行加工处理，形成抽象的道德修养客体所需要的内容，并使其在道德实践中内化。

总之，道德客体主体化表明人自己是对象性的和超生命的存在物。道德主体客体化则是人主动寻求与外部客观世界的平衡与和谐，从而使人得以反思自身的主体地位与外部客观世界的关联性，思考客观世界对于人类生存的意义进而思考人生存的价值、意义与责任。正是在主体客体化和客体主体化的双向运动中，展示人为的道德对人的意义。

其三，实现道德为他性与为我性有机统一。事实上，由于各种社会关系的建立，人与人之间存在不同程度的利益相关性，"为我"与"为他"相互渗透、相互作用、互为前提、共同发展。正如前面所说的，道德行为的真谛在于有我而利他，道德的为他性与为我性是有机统一的。

首先，"为我"是一切主体生存与发展的内在动力。人类社会的发展过程实际上就是人类自身有序化规模的不断增长过程，人类主体的一切行为都是为了最大限度地扩展自己的价值生产和价值消费的规模总量。换言之，人类主体的一切行为都是为了追求可持续的价值率最大化（或追求可持续的利益最大化），即主体的一切行为的内在动力就是"为我"，如果主体失去了"为我"这个内在动力，那么，任何主体都必然走向灭亡，就必然会"天诛地灭"。

其次，"为他"只是"为我"的延伸。由于人类社会是一个相互联

---

① 卢建华. 现代德育理论新发展窥探 [J]. 教育发展研究, 1999 (04): 58-61.

系、相互作用的有机整体，一个人的价值关系一旦发生了变化，必然会导致其他人的价值关系也相应地发生一些变化，这种价值相关性既可能是正向的，也可能是负向的。"利己"与"利他"、"为我"与"为他"，是可以相互作用、相互促进的，"利他"行为可以使自己在更大范围、更长时间、更大概率、更高稳定性上达到"利己"的最终目的。人与人之间的利益相关性越高，"为我"与"为他"的价值对等性就越强，此时，人将会表现出越多的"为他"行为。例如，母子之间、夫妻之间由于通常存在很高的利益相关性，因此必然会表现出很多的"为他"行为。此外，价值需要的层次越高，其共享性和兼容性就越强，人在消费这些价值时与他人之间所产生的利益相关性就越大，就会表现出越多的"利他"行为。在特殊情况下，人有时为了"利他"而完全否定自我，导致自我价值的完全丧失（即牺牲），这是"利他"行为的极端状态或极限状态，通常是由"思维惯性""信仰理念"或"伦理规则"所引发的。

从"总体性"上看，消解道德退化的有效方式是实现道德样态的良性双向互动，理由如下：

第一，从道德与人的关系来看，人的发展最终决定道德的发展。人的发展，从其主体性角度而言，可分为自发的类本位时期、群体本位时期、个体本位时期、人的三重属性（类属性、群体属性、个体属性）全面和谐表现时期等几个阶段。当人处于自发的类本位时期，相应的道德就主要体现为为了自发的类的利益的道德；当人处于群体本位时期，相应的道德就主要体现为为了群体利益的道德；当人处于个体本位时期，相应的道德就主要体现为为了个体利益的道德；而当人处于三重属性全面和谐表现时期，相应的道德也应当主要体现为为了人的三重属性全面和谐表现的道德，任何只注重人的某一方面（类的方面、群体的方面、个体的方面）的道德都可能失之偏颇、不合时宜。

第二，从现实的道德存在样态之间的辩证关系来看，类道德、群体道德与个体道德的逻辑关系表现为两个方面。一是，相互依存、互为表里。遵守类道德是人类整体内部规范的外部条件，人类整体内部规范是遵守各群体道德的外部条件，遵守各群体道德是规范个体的外部条件；同时，人类整体规范是类道德的内在表现，遵守群体规范是群体道德的内在表现，遵守个体规范是个体道德的内在表现。二是，整体与部分紧密相连、差异协同。遵守类道德不完全等同于遵守人类内部各群体伦理规范，遵守群体道德不完全等同于遵守类道德和个体道德，因为整体与部分有差异。但同时，整体与部分相互协同。整体是部分的整体，部分是整体的部分，整体发展规范着部分发展价值，部分发展实现着整体发展目标。

第三，从普遍性与特殊性的辩证关系来看。唯物辩证法告诉我们，事物的普遍性与特殊性是辩证统一的。首先，普遍性与特殊性相互联结。普遍性寓于特殊性之中，并通过特殊性表现出来，没有特殊性就没有普遍性。特殊性也离不开普遍性，不包含普遍性的特殊性是没有的。其次，事物的普遍性与特殊性是可以相互转化的，一定条件下，普遍性可以转化为特殊性，特殊性也可以转化为普遍性，因此，类道德的群体化和个体化、群体道德的类化和个体化、个体道德的类化和群体化，作为一个普遍性与特殊性的关系运作过程，必然也是相向而行、双向互动的。从人类道德的发展趋势来看，当人类进化到类主体、群体主体和个体主体相统一的阶段时，道德也必然随之由个体化进化为更高形态的道德，即类道德、群体道德和个体道德和谐统一的阶段。具体表现为类道德的群体化与群体道德的类化、类道德的个体化与个体道德的类化、群体道德的个体化与个体道德的群体化。

如果可以确认，将人为的道德背离为人的目的，发生变异，上演各种伦理悲剧的过程看成伦理道德退化，那么，与之相反的过程，即让伦理道德复归于为人的目的，就可视为伦理道德的进化。伦理道德进化是于人有益的事情，应当积极推动，而且也只能由人来加以推动。

四、伦理文化优化的评判标尺

推动伦理文化优化需要科学把握其标尺。如果我们无法判断某一具体社会或具体时代的伦理道德，较之以往究竟是优化还是退化，也就等于我们既没有方向也缺乏方法去推动伦理文化优化。反之，若是我们掌握了科学判断伦理文化优化的标尺，也就意味着知晓了该从何处入手、推动伦理文化朝哪个方向优化。在给出我们的答案之前，先看看其他标准。

（一）各有所短：若干评判标准的缺欠

既然伦理文化在历史变迁过程中存在着优化与退化现象，那么该以什么来作为评判伦理文化优化与否的标尺呢？通观近些年来的讨论，以下 5 种是较有影响的，但在解释力上又都是各有所短的。

1. 以批判性继承为评判标准

以批判性继承为评判标准，其前提性问题就是该伦理文化有"精华"和"糟粕"之分。"取其精华，去其糟粕"的说法并没有错。但如果把"精华"与"糟粕"做实体性存在——伦理文化本身固有的性质去理解的，就是把"存在"等同了"意义"。正确的认识应当是，把"精华"与"糟粕"做价值性存在——伦理文化在现实条件下的价值与意义去理解的。即应当以人和社会的发展这一现实的具体条件和对象为判定标准，去判定某种伦理文化的"精华"与"糟粕"，而不能局限在某种立场上；如果把特定的社会限定的特殊形式等同于伦理文化的一般性历史内容，那么，拒斥一种伦理文化也就可能拒绝了一种善，保护一种伦理文化也就可能迁就了一种恶。例如，在宗法家族中，"孝"是维护家长、族长至高无上权力的道德规范；而现代社会注重家庭成员人格平等，"孝"已由原初的"大善"在量上流变为时今的"小善"。又如，

"忠君"特别是"愚忠"已由封建社会的"大善"流变为时今的"小恶"。

2. 以大多数人认同为评判标准

以大多数人认同为评判标准，其前提性问题就是该伦理文化既是主体所为的，又是为主体的。其精要是，某民族的先贤们所造的伦理文化范式，一直持续不断地影响后世成员的德行养成与德行施展，以及后世伦理文化的发展。每个民族成员要"是其所是"，就必须认同先贤们所造的伦理文化范式。成员在文化性格上不能保有其民族特性，便不成为该族人了。但如果是仅仅出于民族感情的话，认为认同该伦理文化的本色是应该的，可民族伦理文化的本色为什么就是"好"的呢？改变其本色——不论是内部文化因子的重组还是外引某种文化来"化"自身，不论是文化置换还是文化改造——为什么会被视为离经叛道呢？这种理论并未能做出解释。其实，任何一种伦理文化都具有绵延性与生成性。只要衍生形态保持着与原生形态一样的精神实质，该伦理文化就没有出现所谓的"断裂"。

3. 以西方普世价值为评判标准

以西方普世价值为评判标准，其前提性问题就是以线性时间观的思维方式看世界——越具有现代性的事物越先进，越具有前现代性的事物越落后。正是遵循此种逻辑，国人把凡居于时间之轴前列的事物视为具有远大前途和生命力的"新事物"，把居于时间之轴后列的事物视为即将丧失其存在合理性的"旧事物"。西方普世价值处于时间之轴的前列，中国传统价值观处于时间之轴的后列。于是，"把来自'西方的'或要'提倡的'东西，都名之为'新'，把本土固有的、或要反对的或要守护的'东西'都称之为'旧'"①。这种把"未来"做目的化处理

---

① 王中江. 新旧之辨的推演与文化选择形态［C］//欧阳哲生，郝斌. 五四运动与二十世纪的中国. 北京：社会科学文献出版社，2001：516－517.

的"惟新是求"，不仅一度使那些极具民族特色的而又居于时间之轴后列的伦理文化及其符码遭受灭顶之灾，还导致由虚无而引发价值观焦虑。当然，我们是现代人，自然要遵循现代伦理文化。但是，"现代"不是编年史时间上的"现代"，而是社会形态时间上的"现代"，即"合时宜"的那个活的当下性。

4. 以社会效果为评判标准

以社会效果为评判标准，其前提性问题就是预成某种后果。认为衡量道德进步最根本的标准：

> 只能是实践这种道德在个人与整体关系上所引起的社会效果。如果实践的结果，是维护和促进表现进步经济关系的社会整体利益的发展，那么，这样的道德就是进步的、高尚的。相反，凡是实践的结果，是破坏和阻碍表现进步经济关系的社会整体利益的发展，那么，这样的道德就应当视为落后的和腐朽的。这就是说，判断社会道德水平的标准，不能用其他标准，只能以道德在个人与整体关系上所实际引起的社会效果为标准。①

近年来流行的"是否促进生产力发展""是否促进改革发展""是否促进人的全面自由发展""是否促进社会和谐发展"等，都是这种说法。这种认识诚然没错，但失之外在与宽泛。换言之，这种标准既不适用于衡量政治法律思想等，又缺失伦理文化的内在要素。更何况，社会效果不是预成的，而是生成的。

5. 以适应经济基础为评判标准

以适应经济基础为评判标准，其前提性问题就是观念上层建筑由经

---

① 罗国杰，马博宣，余进. 伦理学教程［M］. 北京：中国人民大学出版社，1985：64.

济基础产生出来并为之服务。从历史决定论的角度来看，这一说法是正确的。但是将其生搬硬套地用于分析评判伦理文化在其变迁过程中究竟是优化了还是退化了，却未必完全准确。因为历史活动是具体的，也是复杂的。倘若套用是成立的，至少得先解释两个问题。一是既定的经济基础是单向度派生出与之相适应的伦理文化吗？伦理文化的生成、发展完全是被动的吗？在诸多的具体境遇中，人们往往是根据相应的伦理准则去构建种种经济关系的，从此意义上说来，伦理准则具有优先性。例如，人们以"效率原则"否定大锅饭制度，以"共享理念"肯定精准扶贫。二是经济关系是定型不变的吗？不要忘记，经济基础又是由生产力所决定的，一个社会形态，在它所能容纳的全部生产力发挥出来以后，是要走向灭亡的。而就具体情况而言，国家的基本经济制度是确立的，经济体制也基本定型了，但各民族内部，特别是游牧民族、山地民族却仍然面临着种种可能选择。况且差异的主体对种种可能选择有着不一样的伦理评价。如此，要伦理文化适应经济基础，可经济基础尚未定型，那又拿什么来衡量其是优化还是退化了呢？

（二）彻底决裂：对评判标准的再建构

既然以上几种标准有所缺欠，那么，能否建构一个满足理论彻底性的新标准呢？我们认为，既然我们置身于"21 世纪社会主义中国"这样一个时空当中来评判民族伦理文化在历史变迁过程中究竟是优化还是退化，自然有其内在规定性。其中"21 世纪"是历史方位，这一定位的意义在于时代性；"中国"是空间场域，这一定位的意义在于民族性；"社会主义"是本质属性，这一定位的意义在于价值性；"促进21世纪社会主义中国的道德建设"是功能效用，这一定位的意义在于工具性。据此，评判优化与否的标准就是：以社会主义核心价值观为坐标，以工具理性为指导，以社会效用为参考，以历史与现实经验为框架。

1. 以社会主义核心价值观为坐标

社会主义核心价值观是马克思主义价值观和中国当代社会主义实践相结合的产物，是社会主义意识形态的现实表现，规范了中国全体公民的核心价值追求。其中，"倡导富强、民主、文明、和谐"，充分体现了中国特色的"国之旋律"，即规范了中国全体公民的价值目标；"倡导自由、平等、公正、法治"，充分体现了中国特色的"众之航标"，即规范了中国全体公民的价值取向；"倡导爱国、诚信、敬业、友善"，充分体现了中国特色的"己之操守"，即规范了中国全体公民的价值准则。作为"国之魂"的社会主义核心价值观，其"大德、公德、私德"三个层次不是彼此分离、相互排斥的，而是密切联系、相互统一的。国之"大德"是众之"公德"与己之"私德"的向导；众之"公德"既上承国之"大德"，又下接己之"私德"；己之"私德"把国之"大德"、众之"公德"与人们日常生活紧密相连。

当然，社会主义核心价值观主导性的确立是有前提条件的，即对多样性的"意识"、多元化的"价值观念"进行"形态化"的努力，以谋求价值共识。长期以来，我国社会意识形态领域始终处于"多元、多样、多变"与"多中求一"两极张力之中。这种张力在现实性上并不是适度的，而是紧张的，即社会大众极力维护着多元化与多样性，而国家与社会却努力凝聚价值共识。不破除两极紧张，就难以达成价值共识。社会主义核心价值观就是最大公约数。它能够实现"'我'成为'我们'的伦理觉悟"，能够对社会大众进行一场"'单一物和普遍物的统一'为价值的精神洗礼"，能够使社会大众"回归民族文化传统和伦理道德家园"①。

---

① 樊浩．中国社会价值共识的意识形态期待［J］．中国社会科学，2014（07）：4－25，204.

2. 以工具理性为指导

主要是指把民族伦理文化看作培育社会主义核心价值观的工具。也就是说，要看该伦理文化在历史变迁中究竟是优化还是退化了，那就看它是否与社会主义核心价值观相契合，作为一种工具是否有助于培育社会主义核心价值观。正如保尔·霍尔巴赫（Paul Holbach）所说："面对你的目的，这就是全部道德学的撮要。"① 由此，有三点需要澄清。

第一，各民族的伦理文化本身并没有什么精华与糟粕之分。各民族的伦理文化只能依据某个既定的主导性价值观来证明自身优化与否。工具只能通过它曾经产生的效用来证明自己。

第二，既然既定目标是不言而喻的，那么，只需要检视该伦理文化对培育社会主义核心价值观所产生的效用即可。

第三，社会主义核心价值观是人类共识性价值观在"21 世纪社会主义中国"的具体形态，那么这种价值坐标也就只适用于"21 世纪社会主义中国"，只适用于对仍存活于"21 世纪社会主义中国"的各民族伦理文化的评判。人们不误解和错失自身应有的、客观的立场。具体说来有三点。一是主体立场既不能向古人误置，也不能向外国人误置，而是以作为置身于"21 世纪社会主义中国"这一时空的主体来评判民族伦理文化优化与否。二是不能以一种纯粹的主体"自我中心化"倾向来评判民族伦理文化优化与否。用"普鲁克拉斯提斯之床"安放民族伦理文化和用"盲人摸象"式做法来审视民族伦理文化，看似高扬了主体性，实则是用主观的价值取向替代了客观的价值取向。三是不能淡化或虚置民族伦理文化背后的人。所有的评判都是为人而展开的。评判民族伦理文化优化与否，不能把与人有无关系、是什么关系、有多大关系看成可有可无、无足轻重的问题。

---

① 转引周辅成. 西方伦理学名著选辑：下卷［M］. 北京：商务印书馆，1987：88.

3. 以社会效用为参考

对民族伦理文化优化与否的评判应该注意到其社会效用，不能就文化而论文化，不能只从感情上、主观意识上看看承载着道德意识与道德规范的言论、习俗、礼制等是否符合我们的情感。如果这样的话，差异的主体有着不一样的观念想象，那是永远也讨论不清楚的。当然，也不能只注意到"道德果实"，而忽视了其他的"社会果实"。比如有人认为社会达尔文主义好，理由是它的推行能唤醒弱者的奋发图强。其实，我们还应该顾及它对经济社会发展、精神文明建设、国民性格塑造等多方面所造成的种种后果。

通过经验的比较、历史的省思，可以发现：一种高尚的、人们在感情上易于接受的伦理文化，并不一定能够结出"道德果实"来，甚至可能如罂粟生长出害人不浅的"毒果"。具言之，一种过高的理想主义，没有人说它不好，但是一旦作为指导人们行动的道德指令而发生作用时，其产生的伦理后果不一定具有道德性。例如，"克己复礼为仁""天下为公"的主张，其推行虽减少人际矛盾，却用"为群体"的理想性来遮蔽"为个体"的历史合理性、用道德的抽象崇高性掩盖利益的现实合理性，进而在政治建设上造成了对自由的否定，在国民性格上塑造了欺瞒心理。

4. 以历史与现实经验为框架

既然把民族伦理文化视为培育社会主义核心价值观的工具，那么，这种工具是否具有可用性，怎么来检视它的可用性，也是我们必须考虑的一个问题。

由于每个民族的伦理文化都是历史的产物，也都在历史上起过作用，且这种作用持续至今，因而它的效用历史已经证明过，现实也正在证明着。因此，判断民族伦理文化的工具性效用，就得研究历史、注意现实，以历史与现实的经验为框架。比如体现湘西地区土家族婚姻家庭伦理文化的婚恋习俗与子嗣继承习惯，与其他民族相比就能呈现出差异性来，在传统社会中，"长子不坐正房"，家业由小儿优先继承。而在当今社会，子女均可按国家法律进行家业继承。以现代道德标准来审视，自由婚恋比"父母之命"更具伦理性，"长子不坐正房"却不符合国家继承法。这就需要考察民族伦理文化在历史上与现实中的效用，厘清民族伦理文化在历史变迁中究竟是优化了还是退化了，其目的在于对传统民族伦理文化进行现代性塑造。

在上述四个标尺中，鉴于随着社会的进步与统一，社会目标的牢固确立，历史遗留下来的各种道德悲剧终究会被彻底消除，道德因人而异和道德反客为主的悲剧也会被杜绝再度发生。由此可知，前一个道德标尺，只是现阶段衡量道德进化的标尺，或曰道德进化的相对标尺。后三种标尺，才是衡量道德进化的永久性标尺或绝对标尺。因为后三种标尺反映的问题，是在任何时代都会存在的问题。

五、以核心价值观筹划民族伦理文化建设

当我们重新确立了评判民族伦理文化优化标准以后，特别是在大力培育社会主义核心价值观的今天，更应该以社会主义核心价值观筹划民族伦理文化建设。不过，社会主义核心价值观与少数民族伦理文化作为两种异质的伦理文化形态，既有差异性又有同一性。在少数民族地区培育社会主义核心价值观，必须凭借少数民族伦理文化这一重要载体与平台，按照辩证否定的思路实现社会主义核心价值观的民族化和少数民族伦理文化向社会主义核心价值观提升，才能获得时效性与实效性。为此，我们讨论三个问题：（1）如何认识伦理文化的差异性？进而又怎样认识少数民族伦理文化与社会主义核心价值观的差异性？（2）契合性如何从异质的伦理文化之间的互动中涌现出来？进而又怎样看待少数民族伦理文化与社会主义核心价值观的契合性？（3）如何内生契合性以社会主义核心价值观来筹划少数民族伦理文化建设？

（一）差异性：伦理文化的天然形态

在前文，我们已经承认伦理文化是差异化生成的，既源于自身生境又源于自身进化。如果人们承认伦理文化的差异性，那么，我们究竟该怎样认识少数民族伦理文化与社会主义核心价值观之间的差异性呢？据以参照的维度有三：就空间场域而言，少数民族伦理文化具有大中华的维度；就历史方位而言，少数民族伦理文化具有时代性的维度；就主体抉择而言，少数民族伦理文化具有民族性的维度。这三个维度本质上就是关注少数民族伦理文化与社会主义核心价值观差异性的三个角度。

从大中华的维度来看，各民族间的普遍交往，特别是国家大一统之后，类性伦理道德观念的差异化发展，逐渐形成了价值观念的主导性与非主导性、伦理文化的主流性与非主流性的二元结构，因此，民族伦理文化的差异性既是内生着大中华伦理道德观念和民族性伦理道德观念的矛盾关系，又是各民族在道德实践上对大中华伦理道德观念和民族性伦理道德观念矛盾关系的历史性解答。具体到少数民族伦理文化与社会主义核心价值观的矛盾关系上来，一方面，少数民族伦理文化中蕴藏着丰厚的社会主义核心价值观的文化资源，它既是涵养社会主义核心价值观的源头活水，也是少数民族同胞认同社会主义核心价值观的文化基础，更是在少数民族地区培育社会主义核心价值观的核心平台和重要载体；另一方面，社会主义核心价值观既是各民族伦理文化之精华的提炼和升华，又是少数民族伦理文化进一步提升与发展的价值导向，更是少数民族伦理文化从传统进入现代的发展方向。进而，就空间场域而言，少数民族伦理文化不是已经"特殊"到可以脱离大中华价值观念史图景的"另类"，它既直面并努力化解本民族领域内的伦理道德问题，也要观照国家社会问题。

从时代性的维度来看，任何一个民族的伦理文化，包括民族精神都是生长着的，因此，"民族伦理文化传统"之"传统"，不仅具有编年史或历史结构之意义，更具有"整体性的存在意义"①——一个民族维系生存、发展的稳定的精神之内容。正是这种"伦理文化传统"构成了该民族在伦理道德、价值观念、民族精神等方面的内在规定性，这种伦理特质也成为该民族区别于其他民族的方式之一。但伦理文化之"传统"具有"绵延"与"当下"双重属性。"伦理文化传统"之"绵延性"是伦理文化在历史进程中所形成的伦理精神；"伦理文化传统"之"当下性"是伦理文化在现时代的书写。一个民族的伦理文化传统在现时代的书写，就是该民族伦理文化的时代性。伦理文化传统在每一个时代，总是以那个时代及其精神为内容；每一个时代的伦理文化，包括我们时代的伦理文化，都是一种历史的产物。当下，少数民族伦理文化建设，遭遇着前现代、现代、后现代的共时性出场，因此，不是质的规定性否定既有的历史文化类型，就不能有质的飞跃——在建设新伦理文化时"要同传统的观念实行彻底的决裂"②；但这个"彻底的决裂"并不拒斥伦理文化的内存继承性。文化进化本身就是一个辩证否定的过程。

从民族性维度来看，差异的主体有着不一样的价值想象——"民族的宗教、民族的政体、民族的伦理、民族的立法、民族的风俗甚至民族的科学、艺术和机械的技术，都具有民族精神的标记"③。进而，人们可以看到，伦理文化的民族性，既包括伦理文化主体的特殊性，也包括各民族伦理文化表现形式及传承方式——礼仪人伦、仪典民俗、宗教艺术等差异性，还包括各民族伦理文化实质内容——民族精神与价值观

① 海德格尔：存在与时间 [M]. 陈嘉映，王庆节，译. 上海：上海三联书店，1987：438－441.

② 马克思，恩格斯. 马克思恩格斯选集：第一卷 [M]. 北京：人民出版社，1995：293.

③ 格奥尔格·黑格尔. 历史哲学 [M]. 王造时，译. 上海：上海书店出版社，1999：66－67.

念的差异性。如果我们只看到民族伦理文化的表象差异，往往会陷入否定少数民族伦理文化与社会主义核心价值观同一性的泥潭；如果我们只追求民族伦理文化的形式同一，又会落入否定少数民族伦理文化与社会主义核心价值观差异性的陷阱。因此，理解少数民族伦理文化，人们要深度认识到差异性社会在价值观念上的根本规度——既要尊重文化差异，又要整合价值认同。

（二）民族化：核心价值观契合民族伦理文化的基本方式

既然少数民族伦理文化与社会主义核心价值观具有差异性，且少数民族伦理文化是培育社会主义核心价值观的核心平台和重要载体，那么，要在少数民族地区培育社会主义核心价值观取得效度，必须立足于少数民族伦理文化与社会主义核心价值观之契合性，以社会主义核心价值观来筹划少数民族伦理文化建设。问题在于，契合性如何从异质的伦理文化之间的互动中涌现出来呢？我们认为，核心价值观民族化，将使社会主义核心价值观与少数民族伦理文化之间涌现出契合性来。唯物辩证法告诉我们，普遍性寓于特殊性之中，并通过特殊性表现出来，没有特殊性就没有普遍性。特殊性也离不开普遍性，不包含普遍性的特殊性是没有的。因此，核心价值观民族化作为一个普遍性与特殊性的关系运作过程，必然也是相向而行、双向互动的，它既包括社会主义核心价值观的民族化，又包括少数民族伦理文化向社会主义核心价值观提升和发展。所以，社会主义核心价值观在少数民族地区的培育，不只是社会主义核心价值观向少数民族的推行，更是少数民族伦理文化向社会主义核心价值观的提升和发展。

首先，社会主义核心价值观必须向少数民族伦理文化运动，转化为每个民族自觉的伦理文化和道德理念，它才能现实地实现自身。一般说来，社会主义核心价值观作为全体公民的基本遵循，它具有各种少数民族伦理文化之间共性意义上的价值，在此意义上说，社会主义核心价值观是价值观念的普遍性表达，而少数民族伦理文化则是价值观念的特殊性表达。当然，价值观念的普遍性与特殊性互不分离、有机统一，因此，社会主义核心价值观中蕴含着少数民族伦理文化的基质，少数民族伦理文化中也蕴含着社会主义核心价值观的因子。社会主义核心价值观的形成与发展，内聚着少数民族伦理文化；社会主义核心价值观的提炼与发展，也离不开少数民族伦理文化的丰富与发展。作为全体公民伦理精神的共时性的一种抽象存在形式，社会主义核心价值观的民族化发展，转化为民族伦理文化和现实的道德理念，是全体公民的基本遵循。但是，社会主义核心价值观的民族化并不是少数民族同胞对社会主义核心价值观的完全被动地接受，而是通过自身特定的方式、形式对社会主义核心价值观进行符合实情的优化整合，并转化其内在精神。所以，社会主义核心价值观的民族化就是要寻求一种表达社会主义核心价值观的民族化的实现形式。若社会主义核心价值观不能宽容特殊的民族化的文化形式和特殊的民族化的道德规范，不能内含少数民族的道德行为准则和伦理价值目标，它就无法发挥它应有的作用与功能。同时，把社会主义核心价值观的普遍精神转化为每个民族的道德行为准则和伦理价值目标，也是少数民族伦理文化发展的内在要求。每个少数民族要参与国家的政治、经济、文化活动，就必须自觉地接受社会主义核心价值观的内在诉求，内化其精神旨要，否则，它就会作为一个文化完全异质的民族而游离于大家庭之外。

其次，少数民族伦理文化要向社会主义核心价值观方面提升和发展。一方面，少数民族伦理文化要把自己的先进性成果即代表人类社会前进方向的优秀成果融入社会主义核心价值观之中，以丰富和发展社会主义核心价值观的内涵；另一方面，则要用社会主义核心价值观的基本精神来引领少数民族伦理文化的建设、发展，使少数民族伦理文化的建设、发展与社会主义核心价值观的培育保持一致。一般来说，任何一个民族都有其内在的伦理精神与伦理文化，这种伦理精神与伦理文化形成于本民族特殊的生境之中，并作用于本民族特有的社会存在和社会意识构架。但少数民族伦理文化并不是一个封闭的、最高层次的文化系统，它还需要向更高层次的文化系统发展。差异本身就意味着发展，意味着自我完善。任何一个民族的伦理文化，包括少数民族伦理文化，都因其自身独有的质的规定性而具有独特的存在价值，但它是不完善的，因此，向前不断进步和发展是其自身发展的内在要求。少数民族伦理文化要向社会主义核心价值观方面提升和发展，就体现着这种自我完善的内在要求——每个民族让社会主义核心价值观进驻自己文化腹地的同时，也不断提升本民族的内在伦理文化与普遍价值。少数民族伦理文化向社会主义核心价值观提升和发展，既是现实的，也是必然的。

最后，普遍交往的形成与发展，深刻地影响着少数民族伦理文化与社会主义核心价值观发展的内容与形式。从古至今，任何伦理文化系统都随着交往主客体的对象化、交往范围的扩大化和交往方式的平等化而不断深入发展。普遍交往实践，既是社会主义核心价值观得以形成的社会基础，也是社会主义核心价值观的民族化与少数民族伦理文化向社会主义核心价值观提升、发展的历史基础。普遍交往的初步形成，使两个或多个封闭的、异质的伦理文化系统产生相互作用。然后，当两种或多种伦理文化体系互相做出系统性的自我重构，经历一个耗散重组过程并最终做出定型反馈，便在交融中逐渐形成了伦理文化的"交集"，这个伦理文化"交集"，既有本族的伦理文化传统，也有他族的伦理文化传统，具有广泛的文化包容性。最后，伴随交往主体间性和伦理文化间性的不断扩大以及"共识性"意识的逐步生成，在原来伦理文化的"交集"中便提升出了一种具有普适性的价值观念与伦理规范——在今天的中国，就是社会主义核心价值观。同时，伦理文化的区域性、民族性的适用价值范围逐渐缩小，封闭式、狭隘性的存在逐渐成为不可能。所以，社会主义核心价值观的生成既是异质伦理文化普遍交往实践发展的结果，也是民族伦理文化自下而上运动的结晶。因而，社会主义核心价值观一经生成，其培育的路径自然"不是自上而下的对'绝对普世命令'的强行推行，而是通过将其溶化到民族伦理文化的共生区域，来逐步获取自己民族化的存在方式，来获得现实生存和发展的生命力量"①，这就是核心价值观的民族化过程。同样，民族伦理文化也必须向核心价值观提升和发展，必须具有核心价值观的内在精神，它才能在普遍交往的现实条件下继续存在下去。从生成的视角来讲，在其现实性上，社会主义核心价值观的形成是多元的民族伦理文化经平等对话并努力寻求价值共识的结果，进而在双向互动发展中，社会主义核心价值观在少数民族地区的培育也要活化为民族化的存在形式并努力向现实转化。总而言之，核心价值观的民族化和民族伦理文化向核心价值观提升、发展已成为必然。

（三）否定性：以核心价值观筹划民族伦理文化建设

本来，民族化是因民族交往的普遍性而无法规避的一个共同问题。进而可言之，核心价值观的民族化和民族伦理文化向核心价值观提升是一种必然。那么，仅仅遵循着核心价值观的民族化和民族伦理文化向核心价值观提升这样的思路，是否就可以实现中华民族的伦理文化向前发展呢？是否就可以实现少数民族伦理文化向核心价值观提升呢？我们认为，核心价值观的民族化和民族伦理文化向核心价值观提升揭示了二者的矛盾运动，要实现中华民族的伦理文化向前发展、少数民族伦理文化向核心价值观提升，人们需要按否定学的思路，以核心价值观来筹划少数民族伦理文化建设。换言之，否定学的思路是筹划少数民族伦理文化建设的新角度、新凭借。更何况，互动本身就内含否定。

否定"不仅是历史的成因和源头，也从此规定了自己的历史"，因此"历史就是在时间的消耗中由无数个否定所构成"，"就是人不断否

---

① 易小明，周忠华. 论普世伦理的民族化和民族伦理的普世化 [J]. 齐鲁学刊，2006（04）：114 - 117.

定的结果"。① 伦理文化的不断发展，也是通过否定来实现的。这种否定，既应包含着对他者的辩证否定，也应包含着对自身的辩证否定，这才是"本体性否定"。当人们去思考如何实现中华民族的伦理文化向前发展、少数民族伦理文化向核心价值观提升时，必须高度重视"本体性否定"的意识与方法。当面对先进伦理文化时，要识庐山真面目，即要认识到"全方位的辩证否定"才是先进伦理文化得以产生并进一步发展的内在机理。换言之，先进伦理文化正是这种"全方位的辩证否定"的结果。因此，核心价值观的民族化和民族伦理文化向核心价值观提升，都必须遵循这种"全方位的辩证否定"的意识与方法，这才是崇本举末的做法，否则，就是舍本求末了。也正是在这个意义上讲，在少数民族地区培育社会主义核心价值观，不能局限在究竟是以核心价值观为体，还是以少数民族伦理文化为体的层面上来讨论问题，而应该是完成对"伦理文化现实"的否定。离开了"现实"的任何否定都是无价值的、无意义的。因此，核心价值观的民族化和民族伦理文化向核心价值观提升，绝不应当成为谁对谁的依附。任何依附性的伦理文化，发展都不是对伦理文化现实的辩证否定，不仅难以体现出民族伦理文化的差异性，而且还将进一步遮蔽民族伦理文化的差异性。

　　对"伦理文化现实"的辩证否定，既包括对现实中伦理文化观念的突破，又包括对现实中伦理文化现象的突破。对现实中伦理文化观念的突破，可以使伦理文化观念避免真空化、错位化、悬置化、虚无化的倾向。对现实中伦理文化现象的突破，既可以使行为主体脱离表面化的物象的束缚，又能够脱离对已有价值观念的依附，从而形成自己的价值观念想象。不论是突破道德价值观念，还是突破伦理文化现象，当某种伦理文化尚未意识到自身缺陷并努力维系自身存在状态时，"全方位的辩证否定"也就更加值得珍视了。当然有两点需要明确：第一，"全方

　　① 吴炫. 否定本体论 [M]. 贵阳：贵州人民出版社，1994：31.

位的辩证否定"是以"自身"为基点的，并且有且只有通过"自身"方能体现，方能摆脱主流与非主流、主导与非主导二元的纠缠，使民族伦理文化能够创造性地重建，而不是依附性地重建。第二，"全方位的辩证否定"，强调不是对作为对象的某种伦理文化的取消，而是对其重建一个当代性的价值系统，使得该伦理文化的以往成果依然可以作为传统伦理资源而续存——否定对象与否定结果"不同而并立"。那么，以社会主义核心价值观来筹划少数民族伦理文化建设，要解决的问题也就是两个：一是从历时性来看，以社会主义核心价值观来筹划少数民族伦理文化建设，是要解决少数民族伦理文化发展问题，即解决少数民族伦理文化时代性问题；二是从共时性来看，以社会主义核心价值观来筹划少数民族伦理文化建设，是要解决少数民族伦理文化繁荣问题，即解决少数民族伦理文化民族性问题。

就时代性问题来看，以社会主义核心价值观来筹划少数民族伦理文化建设，要解决少数民族伦理文化发展问题，需要超越少数民族伦理文化的传统属性，特别是超越宗教性、家族性、宗法性的伦理价值观。但是，不能用社会主义核心价值观来消解少数民族伦理文化。如果一个民族在走向现代化的过程中不珍视自己的文化根底，那就是自毁根基。这样做，不仅不能实现本民族伦理文化的现代化，反而使自己内存伦理精神在华丽的外衣——现代化之下空壳化。当然，传统与现代不可通约，更不可能等同。每种伦理文化都有自己的历史承载，是时代精神之精华在伦理道德领域中的反映，是特定历史时代的产物，其灿烂属于那个历史时代。只有赢得现代化这个时代的规定性，才能在伦理道德领域中反映时代精神之精华，才称得上是现代化的伦理文化。总之，时代性差异就要求这种伦理文化既要立足根底，又要与时俱进。

就民族性问题来看，以社会主义核心价值观来筹划少数民族伦理文化建设，要解决少数民族伦理文化繁荣问题，既需要少数民族伦理文化摒弃本位主义，超拔于自身，又需要以社会主义核心价值观引领少数民族伦理文化发展，在包容多样中增进思想共识，而不是用少数民族伦理文化来消解社会主义核心价值观。异质性的伦理文化差异共存是事实性存在。在普遍交往实践中，排拒一种伦理价值观念或伦理文化比与之对话要容易得多，但排拒既阻止了异质伦理文化之间的对话，又使自己丧失了更新的参照系与重铸的催化剂。每种伦理文化都应该采取宽容的态度，在普遍交往中不断地吸纳他者并创造性地推进、转化自我传统。当然，伦理价值观念或伦理文化的差异共存也不是以社会的零散化为代价的。在普遍交往的时代，维持伦理文化差异化发展是以伦理价值观念的共识性为基础的。如果没有伦理价值观念的共识，异质的伦理文化就难免彼此否定、彼此排斥、彼此冲突，无法和谐相处。社会主义核心价值观就是各种异质伦理价值观念或伦理文化的最大公约数。

就时代性与民族性的统一性问题来看，以社会主义核心价值观来筹划少数民族伦理文化建设，在本质上是既接着社会主义核心价值观讲，又接着少数民族伦理文化讲，是这两个"接着讲"的统一。一方面，社会主义核心价值观是我们的基本遵循，它不仅展现社会主义伦理文化的当下性，更是站在时代的前列，体现时代精神，符合时代主旋律。社会主义核心价值观是我们时代的先进伦理文化。另一方面，民族的伦理文化是少数民族必须继承的文化历史遗产。这就意味着如果只有一个"接着讲"，无论是接着社会主义核心价值观讲还是接着少数民族伦理文化讲，都不能实现中华民族的伦理文化向前发展、少数民族伦理文化向核心价值观提升。

第四章 土家族经济伦理文化的
俱分进化与现代性塑造

从一般意义上讲，经济生活包括物质资料的生产、分配、交换和消费四个环节。每个民族的经济生活都有自己的特点，差异化的民族有不一样的经济伦理文化。土家族世居以武陵山脉和清水江为中心的湘、鄂、渝、黔四省市边区，特定的自然生境和社会生境，营造了个性化的经济伦理文化用以调节生产、分配、交换和消费等关系。任何一个民族的经济伦理文化都不是恒定不变的。在整个中国的现代化体系中，土家族经济伦理观念的现代变迁，既体现了现代经济观念发展的共性，又有着自身域情所限的路径依赖。这一历史变迁究竟是优化还是退化，在哪些方面优化或退化，退化方面如何进行现代性塑造，都是值得剖析的。

一、从传统到现代：土家族经济伦理文化历史变迁

经济体制与经济制度的转型决定着经济伦理文化的变迁，有什么样的经济体制与经济制度就会有什么样的经济伦理文化；经济伦理文化反映着经济体制与经济制度的伦理要求，生成什么样的经济伦理文化就反映当时社会需要什么样的经济体制与经济制度。伴随社会经济体制和制度的发展，土家族传统经济伦理文化（包括生产观、交易观、分配观、消费观、农商观等）一直处于变迁中。

（一）生产观

勤奋劳作一直是自给自足的小农经济制度的基本要求，所以在中国传统社会意识形态中占据主导地位的儒家学说始终把"勤奋劳作"作为基本经济伦理思想加以倡导。正如《左传》所言："民生在勤，勤则不匮"；"君子勤礼，小人尽力。"（《左传·宣公十二年》）孟子也说，"深耕易耨"，"易其田畴"，"不违农时，谷不可胜食也"（《孟子·尽心上》）。荀子也言："春耕夏耘秋收冬藏，四者不失时，故五谷不绝而百姓有余食也。"（《荀子·王制》）这些思想告诫人们，只有勤勉劳动、不误农时，方可过上好日子。土家族人既因生境条件，又深受儒家伦理文化影响，也遵循"勤奋劳作"这一经济伦理要求。他们祖祖辈辈在改造自然生境的过程中，秉持"勤奋劳作"这一经济伦理要求，养成了崇尚俭朴、艰苦奋斗的德性和德行。例如，每到冬种时节，土家族人不畏寒天，毅然到荆棘丛生、腐叶朽木深厚的崇山峻岭去"烧火舍"，饿了就吃自带的干粮，渴了就喝山中水，用汗水浇灌脚下这片富饶土地。这种勤劳朴实的德性和德行，土家族的民歌、民谚中多有体现。例如民歌唱道："要喝凉水跟沟上，要吃鲤鱼上大塘，要吃玉米进大坝，要吃白米先插秧"；民谚警示道："冻的是懒人，饿的是闲人。"从这些例证就可以看到，土家族人一直是秉持"勤奋劳作"这一经济伦理要求的，一直在践行劳动创造财富的思想。伴随改革开放，社会主义市场经济观念同民族传统文化心理相交融，勤劳朴实的德性得到进一步张显，而且以往忽视智力投资——"种田全凭一双手，何必进校把书读"的思想观念正在悄然发生变化。如今，"勤奋劳作"不仅体现在出大力、流大汗的体力支出上，更体现在治穷脱贫的开发活动中。

（二）消费观

尽管土家族人一直秉持"勤奋劳作"这一经济伦理要求，养成了崇尚俭朴、艰苦奋斗的德性和德行，但生产达到什么样的程度，不仅取决于人的思想观念，更主要是受制于生产力发展水平。生产力水平的不发达，导致了物质生活资料的不充裕，进而影响人们的消费观念和消费水平。《左传》所言："俭，德之共也；侈，恶之大也。"（《左传·庄公二十四年》）孔子曰："贤哉，回也！一箪食，一瓢饮，在陋巷，人不堪其忧，回也不改其乐，贤哉回也！"（《论语·述而》）墨家主张："俭节则昌、淫佚则亡。"土家族人在传统消费观上占主导地位的一直是勤俭节约。这与自给自足的小农经济制度是相适应的，也符合中国传统社会所倡导的消费观念。人们可以从土家族人对待生活的种种经验之谈或者是从日常生活中总结出的民谚，看出他们特别注意节俭。例如，民谚讲道："当家无巧，勤俭是宝"；"勤是摇钱树，俭是聚宝盆"；"光俭不勤无源水，光勤不俭水断流"；"只勤不俭，做点吃点，只俭不勤，再俭也贫"；"精打细算，钱粮不断"；"出门走路看方向，吃饭穿衣看家当"；"当家没有巧，只要计划好"；"家有万贯，不可不算"；"吃饭量家底，穿衣量身体"；"一天省一把，十年买匹马"；"粒粒沙，堆成山，滴滴水，汇成川"；"丰收万担，也要粗茶淡饭"等。所以，人们在收获时节可以看到土家族人在收、晒、打碾、装仓整个收获过程中都是非常细心的，尽量不浪费一粒粮食；在日常生活中，基本上都是节衣缩食。

由于土家族人特别重视婚丧嫁娶等人生大事，所以在这类人生礼俗活动中，往往相互攀比，讲排场，从而导致严重的铺张浪费现象。在世时，不论是为自己还是为子女，一生都在为修建一栋房屋而奔走辛劳；离世前，不论是为自己还是为父母，花费大量积蓄制造一口像样棺木。因此，起屋建房、结婚丧葬都要请客送礼。主家请客没有一二十个菜品、没有八十百来桌，便觉得脸面无光；宾客送礼没有送上价值百元的财物总觉得拿不出手。为操办一次体面红白喜事，大多数家庭要花舍数年数十年的积蓄，甚至有些家庭是借债办事。你家如此，他家攀比，婚丧喜庆中大吃大喝之风在近些年慢慢刹住；在此之前，那是办不完的喜事、送不清的礼、还不了的情，在农村甚至走入"越穷越吃越送、越吃越送越穷"的恶性循环。土家族人日常生活勤俭节约，却为人生中操办几件大事时或送礼于人时慷慨大方、解囊为之的行为，实则是"穷大方"的"争名誉""比排场"的搞法。张诗蒂对重庆石柱县的调研，就充分说明了土家族人的炫耀性消费就是为赢得别人的尊重，获取消费以外的意义和价值。①

（三）分配观

在卡尔·马克思《哥达纲领批判》中说道：

> 消费资料的任何一种分配，都不过是生产条件本身分配的结果；而生产条件的分配，则表现生产方式本身的性质。②

生产力水平低下，导致了社会总的物质生活资料的不充裕。在这样的情况下，人们为了生存需要而形成"有田同耕，有饭同食，有难同担，有福同享"的平等关系，这种平等关系导致"有肉同吃，有酒同喝"等原始分配方式，并由这种原始的平均分配方式演化出原始的平均主义来。土家族社会一直沿袭这种分配观念，以求平求均的方式处理分配问题。以往，"梁上赶肉，见者有份"是一种普遍的社会现象。不仅社会劳动不同工也同酬，而且各种赈灾扶贫的物质与资金也要进行平均分配，没有差异性分配正义，只有同一性分配正义。在土家族《梯玛歌》唱词中就有"分账不均，雷打死人"；"我一码钱财都交与你们啊，有钱共用哩，有马共骑哩；大的么，莫讲多，小的么，莫嫌小。有

---

① 张诗蒂. 土家民族文化再造探析——以重庆石柱土家文化为例 [J]. 当代传播，2013（03）：52–55.

② 马克思，恩格斯. 马克思恩格斯全集：第十九卷 [M]. 北京：人民出版社，1963：23.

钱分钱哩，有账平分哩"。这些唱词就反映了土家族人强调平均分配，特别强调同一性分配正义。直到今日，强调同一性分配正义的分配方式在某些场合依然盛行。例如，"吃大户"（如"一家杀猪，全村来吃"）的搞法时有出现；遇有红白喜事，更是全村全寨不分男女老少，全部出动去喝酒吃肉。

原始平均主义在自给自足的小农经济时代是具有一定优越性的，它能够体现出同一性对等——我们都是人，我们都是这个群体中的人，进而使人的社会关系更加紧密，去克服因物质生活资料匮乏而面临生命无法维系的困难，最终实现共同生存与发展。但对于市场经济日益发展的今天，这种只强调或者是特别强调同一性分配正义的原始分配方式，对于发展生产力，对于脱贫致富表现出极大的约束性，只会使原本不多的物质收入被挥霍殆尽，也只会使原本勤劳的民众养成不劳而获的恶习。社会需要在同一性正义基础之上凸显差异性正义，更需要同一性正义与差异性正义协同运行。

（四）交换观

土家族人有着不同于其他民族的内部交易规则，即依据民族习惯法规定，建立起独具民族特色的商贸作价规则。湖南《永绥厅志》记载："布以两手一度为四尺。牛马以拳头多寡定价，不任老少，以木棍比至（牛马）放鞍处，从地数起，高至十三拳者为大，齿少拳多价昂，反是者为劣，统曰'比马'。"销售猪羊等小型家畜因大小而卖法不同，幼崽论"个"，比较大小而价有别；成畜论"卡"①，按卡数计价。销售水果蔬菜等干鲜杂货多以"堆""捆""把"等"估堆法"来定价、计价。销售大米、玉米、黄豆等粮食作物多以"挑""背""升""斗"来定价、计价。卖肉也论堆，卖肉者按堆码喊价，故名"码肉"。虽说

---

① 张开右手，拇指指尖与中指指尖的距离即为一卡。

现在土家族人在销售货物时也使用秤，但这种"估堆法"至今在农村的墟场仍能见到。即便称斤称两了，也少有"斤斤计较"的状况。依据习惯法，买卖牛、马等用于生产劳作的大牲口就如同买卖田地一样，必须优先族人，如果族人不需要，才卖给外族。在商品交易时，卖主为牲口"挂红"和系"长命线"①，并聘请中间人以证明交易的牲口是"干净"的；交易完成后，卖主还要请中间人和邻里吃饭，以兹证明和庆贺，甚至向买主送少量的"利市钱"②。

除了独具民族特色的市场交易，还有独具民族特色的日常交换。土家族历来都有"一家有事，百家帮忙"的习惯。一次帮忙就是做白工，不需要什么报酬；但是长久以往，彼此帮忙，就形成了换工。"这种以换工的形式不索取报酬进行集体劳动的习惯，是原始社会集体生产劳动形式的遗留。"③ 时至今日，土家族人在操办红白喜事时，在农忙时，不索取任何报酬的换工还大量存在。由此可见，土家族族内交换中表现出浓厚的等价互惠性。但伴随市场经济观念的影响不断深入，土家族民众开始有了负性互惠观念，即"每一方一般都会期望从对方获得价值高于自己付出的物品或服务"④，互惠式交换正在遭遇市场经济的冲击。

（五）农商观

中国传统社会是一个自给自足的小农经济社会。这种以落后的小农经济为基础的社会，往往是进取不足、安于现状，甚至崇古尚古，如此一来，常常以传统价值观念为圭臬来评价和引导现实生活，使一代又一代人的生活"涛声依旧"，简单地重复着，墨守成规、循规蹈矩，进而

① 挂红即给牲口角扎红布，长命线即为红布上缠绕红线、白线。这样做以象征该牲口体强力壮，长寿不老。
② 利市钱即还给客人少量的钱。
③ 彭官章. 土家族原始社会遗迹［J］. 民族论坛，1988（02）：29 - 34.
④ 田晓波. 土家族历史上的传统分配和交换制度研究［J］. 湖北民族学院学报（哲学社会科学版），2008（03）：6 - 8.

在农商关系上表现出重农轻商的意识。法家代表人物商鞅曾言："圣人知治国之要，故令民归心于农，则民朴而可正也，纷纷则以使也，信可以守战也"；"属于农，则朴，朴则畏令也"（《商君书·农战、算地》）。吕不韦在《吕氏春秋》中亦言：

> 古先圣王之所以导其民者，先务于农；民农，非徒为地利也，归其志也。民农则朴，朴则易用，易用则边境安，主位尊。民农则重，重则少私义，少私义则公法立，力专一。民农则其产后，其产后则重徙，重徙则死其处，而无二虑。（《吕氏春秋·上农》）

从商鞅和吕不韦的言说中可以看到，"重农"的道德价值在于"农则朴"和"贵其志"。所谓"农则朴"是指农业能够使人变得朴实无华，因朴实无华而乐土守土、安居乐业；所谓"贵其志"则是指通过务农的路径来实现道德情感的培养、道德意志的锤炼。如此，农耕文明便涵养了民农则朴、民农则重的优良品质①。

生存于山环水绕生境中的土家族人，在改革开放前，也一直处于自给自足的小农经济状态中，因此造就了土家族人"喜渔猎""重农桑"的观念。"七十二行，务农最强""要家发、种桑麻，要致富、种苞谷"等农谚就是对这种观念的真实反映。土家族人不仅重农，而且轻商，把经商视作不务正业。有资料记载：土人"稼穑之外，不事商贾"，"家家耕绩，绝不经商"。老百姓也流传"坐贾行商，不如开荒"的说法。受此思想观念的影响，土家族经济社会发展产生两重性：一方面因为重农而大力发展农业，促进了农业生产发展，对山区经济开发起了推动作用；另一方面，因为轻商而抑制商业活动发展，到清末土家地区还是

---

① 汪荣有．当代中国经济伦理论［M］．北京：人民出版社，2004：153-154.

"商多江右之人"①，难以产生扩大再生产的意愿。

正是受轻商抑商观念的影响，土家族人对商品观念、货币观念、价值观念、数量观念和经济效益比较淡薄。这与他们的生产观念、交换观念相匹配、相适应。他们"种地为吃饭，养牛为耕田，喂猪为过年，养鸡为换盐"，所种植的农副产品、所养殖的家畜家禽基本上是用于满足自身需要，鲜有把产品转换为商品的，他们倒是常把这些产品当作礼品赠送于人。即便有了剩余产品可以拿到集市、墟场去交易，也论堆、论捆、论挑、论把、论个、论背、论头、论斗，很少论斤论两。20 世纪 80 年代末，土家山寨仍受"汉不入内，土不出关"的传统锁寨意识的影响，在国家轰轰烈烈的改革开放中，土家族人还是被重农轻商观念严重束缚，停留在"三斤苞谷换一斤老酒"的原始交换阶段，即便无资金投入再生产而也不愿出售自家产品②。在 20 世纪 90 年代以后，轻商意识是挡住土家族人视野、阻碍土家族人思想开阔的主要因素之一③，即使是年轻人想搞经济开发，也会遭遇老一辈的坚决反对④，老一辈人认为这是"不务正业""不安分守己"。进入新世纪后，青少年中"以农为本"、轻商轻利意识逐渐淡化⑤，那种"铁心务农有出息""买卖生意误正业"的观念正在悄然发生转变。

（六）义利观

同传统的互惠式交换观相一致，在义利观方面，土家族人是重义轻

① 段超. 略论巴文化和土家族文化的关系［J］. 中南民族学院学报（哲学社会科学版），1991（02）：17 – 22.

② 刘毅. 少数民族地区发展商品经济浅析［J］. 中央民族学院学报，1987（06）：40 – 44.

③ 田官平. 试论湘鄂川黔四省边区多民族聚居区经济发展的途径选择［J］. 吉首大学学报（社会科学版），1997（01）：28 – 31.

④ 瞿州莲. 湘西土家族价值观浅探［J］. 广西右江民族师专学报，2001（02）：14 – 16.

⑤ 杨铭华. 当代湘西青年文化取向［J］. 青年研究，1988（10）：6 – 11.

利的，"重义"是一般意义上的"重义"，即人要无私奉献、不计得失，但"轻利"不是一般意义所讲的"轻视甚至忽略个人私利"，而是变成了"不患贫穷、不患饥饿、不谋生产"，如此一来，就造成了道德与经济、仁义与功利的畸形对峙。这种义利观，不仅漠视人的基本需求，更是对贫困的保护，不仅是"对整个文化和文明世界的抽象否定"，更是"向贫穷的、没有需求的人——他不仅没有超越私有财产的水平，甚至从来没有达到私有财产的水平——非自然的单纯倒退"①。伴随改革开放的不断深化与治穷脱贫实践的不断推进，土家族人开始意识到市场经济在其本质上是效益经济，重义不能轻利，可义利兼顾。在生产经营方面，土家族人为提升生产效益和产值，遵循市场价值规律，选择利润丰厚的种植项目、养殖项目或者加工项目，不断优化产业结构，争取实现又好又快发展。以往操办红白喜事、农忙时不索取任何报酬的换工，现在也开始讲究有偿了。"春种秋收，一些劳力充足人家有偿承包缺劳人家的犁田、栽秧、收割等农活。"②

二、在优化与退化之间：土家族经济伦理文化的当下形态

通过"逐利与守法""逐利与诚信""消费与享受""契约与信用""自爱心与仁爱心"等关系的考量，考察被调查对象的经济伦理观，从而全面研究当下土家族民众的经济伦理文化。经田野调查，课题组发现：

第一，就逐利与守法关系来说，土家族人在总体上认同生财有道，即诚实生产、合法经营，对于不法手段获取财物的行为可能会采取某种

---

① 马克思，恩格斯. 马克思恩格斯全集：第四十二卷［M］. 北京：人民出版社，1995：118.

② 杨铭华，向东. 浅谈当代湘西土家苗族传统道德文化的转型［J］. 民族论坛，1997（03）：63-68.

正义举措，或是举报不正当手段，或是进行道德谴责；对于不法手段所获取的财物，也是采取冷眼旁观的态度，基本上不会效仿不法获取财物的手段。我们的访谈也证实了这一点。在采访保靖县碗米坡花椒生产合作协会负责人时，他说：

> 我们镇几个村的花椒都是比较好的，贩卖花椒的外地人多，他们经常是缺秤少秤的。这种行为不行，不仅少了我们的秤，还把从我们这里收购回去的好花椒掺其他地方货，影响了我们产业。后来我们自己成立了生产合作协会，自己把花椒卖给公司，既没少公司的秤，也没有掺假的。现在外地好几家公司同我们签订货协议。货真价实，生意自然来！（课题组成员黄芳整理，访问时间：2017年1月18日）

诚实生产、合法经营自然重要，但在知识经济时代，诚实生产、合法经营还需要依靠科学技术。勤劳不仅仅是不怕辛苦、努力劳作，而且要会运用科学技术知识，增强劳动效率，提高劳动技能，提升产品质量。明智这一德性普遍有待培养。

第二，就逐利与诚信关系来说，土家族人较为一致地认为"信用是人立身处世之本"，这说明土家族人看重诚实信用。从上面的采访就可以看到，土家族人认为市场经济交换领域需要的基本道德是买卖公平、质量有保证、价值要合理、要讲信誉、不贩卖假货等。对于短斤少两、掺假贩假行为极为愤恨，认为只有规范了市场行为才能实现公平交易。这说明随着市场经济的发展，等价交换、契约信誉也逐渐为土家族人所接受与认可。本来诚信为重、讲信用是经济伦理最为基本的要求，也是经济活动中最为基本的遵循。土家族人看重诚实信用，就是要求货真价实、价格合理，要求产品介绍和产品质量一致，要求等价交换、公平交易、反对欺诈。但是，土家族人在交换领域的基本道德价值判断标准并不完全是按市场信用，而掺杂着熟人信誉传统，基于人格信用。这说明土家族人在交换领域存在着传统与现代观念的交织，即市场信用与（熟人）人格信用并存。

第三，就消费与享受关系来说，土家族人主张享受最重要的人数比例非常低，说明消费观上占主要地位的是量入为出、适度消费。随着市场经济的发展，人们对俭与奢的认识发生了巨大变化。"俭"的含义不再是单纯的节约，而是在争取过好日子的前提下，不铺张浪费，也不吝啬，该花的花，该节约的节约。"奢"的含义也不是单纯的恶，在婚丧嫁娶的大事上就要有一点奢，大事大办属于正常性消费，否则就会被人看不起；但是，如果奢到极端，消费的目的在于搞排场、炫富等，就会受到人们的批评与指责。因此，消费观念在保留节俭传统美德的同时，也逐渐发展起来，以量入为出、适度消费为主要观念。在这种消费观念的影响下，民众勤劳致富，享受小康生活，不仅没有人指责，而且被人羡慕。虽说土家族人在认知上明显是反对铺张浪费、讲究排场的，尤其是不主张炫富行为、奢华消费，但实践操作层面是，现在土家族人在红白喜事上花销数万元是常态，有钱人花得比较多，排场大；经济条件弱点的，在操办上也会超出自己家庭的正常收入与消费。办完事后，大家给个好评，心里觉得舒服，然后继续辛辛苦苦去挣钱。如果没有那个排场，会被别人笑话小气、抠门。

第四，就契约与信用关系来说，土家族人在处理借贷关系的道德原则是区分亲疏远近，采取内外有别的判断标准。先是亲人，然后是朋友，最后才是其他人。这表明土家族人仍受传统伦理文化影响。当然，我们也看到市场经济影响，对于陌生人通过打欠条、公证等方式也可以借贷，这体现了土家族人现代契约观念和尊重法律的现代意识。合同协议本是双方或多方在自愿、合作的基础上采取共同认可的方式就相关内容达成书面协议，这有利于签署协议的双方或多方，是市场经济中契约信誉的一种方式。"不赞同"者与"不太赞同"者可能倾向于熟人担

保、口头约定，这是传统熟人社会的一种方式。这表明土家族人当前正
处于传统与现代的社会转型过程之中。

第五，就自爱心与仁爱心关系来说，部分家庭富裕、生活富足的土
家族人没有实现自爱心与仁爱心的有机统一。消费行为的巨大变化与经
济收入变化是紧密相关的。有了可观的经济收入后，首先是解决温饱问
题，其次才是对美好生活的需要，以及实现自我价值等。余钱用于投
资，说明民众想进一步发展，去做更多的事，赚更多的钱。余钱用于个
人或家庭高档消费，则是炫耀财富，是种奢侈，而添置家庭所需用品、
用于提高生活质量，则无可厚非。余钱拿到银行存起来，既不改善和提
高自己家庭的生活水平，也不帮助乡亲做点好事，说明部分民众是缺乏
自爱心与仁爱心的。

三、重建方向与内容：土家族经济伦理文化的现代性塑造

通过对土家族经济伦理文化的宏观历史考察，以及当前各经济环节
中伦理问题的中观研究，我们发现该民族经济伦理文化发生变化，既有
优化的一面，即诚实生产、合法经营，看重诚实信用，量入为出、适度
消费认知度高，生成了现代契约观念和尊重法律的现代意识；又有有待
优化的一面，例如明智这一德性普遍有待培养，（熟人）人格信用、口
头约定依旧存在，量入为出、适度消费践行度低，部分家庭富裕、生活
富足的土家族人没有实现自爱心与仁爱心的有机统一等。面对种种有待
优化现象，塑造符合时代需要的经济伦理文化，是当代土家族人进行经
济建设的基本任务。

（一）勤劳与明智并重

勤劳一直是生产劳动中最为基本的道德要求。土家族人确确实实是
非常勤奋的。但勤劳的内涵已经由"日出而作，日入而息"丰富为与

聪明智慧、科学技术密切相关的生产美德，也就是亚里士多德（Aris-
totle）在《尼各马可伦理学》中所说的理智德性。新时代生产伦理必须
是理智德性与伦理德性的统一，即在现代社会从事劳动生产，必须具备
一定的科学技术、理论知识、理解能力以及对市场经济的敏锐观察力等
智慧，把勤劳与明智有机统一起来，不傻干、不蛮干：（1）能够运用
人的理智并通过相应的社会实践，在改造世界中给人类、给自身带来最
大的善，因此，明智的人善于观察实践中的具体境况，能够明察境遇普
遍存在的善，是一个具有丰富实践经验的主体；（2）是真知和善行两
个方面的协调。正如亚里士多德所说：

> 哪怕是在自己的事情上明智，也要求关注整体，否则在作权谋
> 时就可能或者在普遍的东西上出错，或者在具体的事情上出错。①

（二）自爱与仁爱并举

随着市场经济的发展，有部分民众不仅丧失了仁爱心，而且缺乏自
爱心，不把余钱用于改善家庭生活质量而是存入银行，成为新时代的葛
朗台。这就要求改变这种状况，必须把自爱心与仁爱心有机地统一起
来。人讲自爱，首先是生命的自保，当自身物质文化需求得到满足后，
就会向往美好生活；当美好生活实现以后，便会要求实现自我价值，此
时仁爱才有了坚实基础。土家族人过去对族内慈善是非常积极的，在其
历史发展过程中，形成了以良心为本体、以宗法为支撑、以邀会为载体
的族内传统慈善文化。所谓"以良心为本体"，是指土家族人那种以
"良心"作为族群或个体自身价值观的人性本体。即土家族人一贯把潜
匿于自己内心深处的道德价值意识和对自己行为的道德责任感等，作为

---

① 亚里士多德. 尼各马可伦理学［M］. 邓安庆，译. 北京：人民出版社，2010：
223.

自身社会道德生活的核心、根本与出发点。也就是说，土家族人在现实生活中一向能够自觉意识到应有的使命、职责和任务，一向能够以高度负责的态度对自己行为的道德价值进行自我判断和评价，一向能够自觉地遵守民族所认同的道德规范。所以，土家族人认为："人之善恶，出于其心，善者有良心，恶者有坏心，疾恶扬善，必有良心。"① 在桑植覃氏家规中也有论述，如"亟宜设身处地，切勿坏德亏心"，"天良不昧，则民物皆吾胞兴"②。所谓"以宗法为支撑"，是指救济贫困族人是宗族及其他族人特别是族中富人义不容辞的义务，这也是土家族睦族收族的基本要求。这一基本要求在土家族地区各大宗祠所订立的族规族训中均有体现。据我们所收集的材料来看，土家族各大宗祠对族内慈善多有明示。来凤卯峒向氏家训规定："待乡里，贵相亲睦。出入相友，守望相助，疾病相扶。"③ 西阳冉氏规定：

> 和睦邻里。古者，乡田同井，出入相友，守望相助，疾病相扶持。盖邻里之中，非本支即世戚，朝夕相接，其谊即休戚相关，洽比之谊，不可不讲也。我族众之于邻里，当和以相处，礼以相接，有无相济，急难相接。毋失色于乾堠，无起争于瓯脱，则有以得睦姻任恤之道，而里为仁里，邻亦德邻矣。④

桑植覃氏家训规定："人世这最可伤者莫甚于孤寡两字。"⑤ 江口张氏"新立家规俚语十条"之五：

---

① 周兴茂，肖英. 论土家族文化的基本特征［J］. 湖北民族学院学报（哲学社会科学版），2013，31（05）：1–5.

② 《桑植覃氏家谱》，抄于湖南省张家界市桑植县洪家关乡覃红菊处。

③ 张兴文. 卯峒土司志校注［M］. 北京：民族出版社，2001 年：79.

④ 冉奇镳，冉天泽. 康熙冉氏忠孝谱［M］. 清康熙二十二年刻本.

⑤ 《桑植覃氏家谱》，抄于湖南省张家界市桑植县洪家关乡覃红菊处。

> 乡亲梓里，与我有相亲相附之谊。古云：乡里如金宝，务要吉则庆之，凶则吊之，灾则救之，患则恤之，不可尔虞我诈。①

所谓"以邀会为载体"，是指通过邀会这种特殊形式来济危。例如，上山打猎中出现伤亡的救济是通过"媒山会"进行，外嫁姑娘受到夫家等外族人欺侮时需要救济则通过"姑娘会"进行的，耕种时节对缺失耕牛的家庭通过"耕牛会"进行救济，殁而无殓者则通过"老人会"进行救济。如今，土家族人需要在拥有自爱心的基础上实现传统仁爱心的现代转化，加入新时代的慈善行列，在精准扶贫中贡献自己的智慧和力量。

（三）人格信用与市场信用并行

自有经济活动以来，信用就伴随着经济活动。在人类经济活动初始阶段，人们基本上是凭借人格信用来践信守诺的。为什么能这么做呢？因为人格具有道德、伦理、情操的意义，特别是在熟人社会，因特定的关系网、特定的地域网而起着无可替代的作用。事实上，当经济活动以人格信用为前提时，在一定程度上是把信用看成人自身的一部分了。信用的人格化所产生的利益不可低量。正如江平教授所说：

> 罗马法把"为人诚实，不损害别人"这些信用的基本要求作为法律的基本原则，并且把信用作为拥有法律上人格的重要条件。后世民法，秉承罗马法的这一精神，将信用这一道德准则法律化，使"诚实信用"原则成为民商法的一项基本原则。在经济活动中，信用从一般的社会伦理特定化为商业伦理，其所具有的伦理道德上

---

① 贵州省民族事务委员会. 贵州"六山六水"民族调查资料选编（土家族卷）[M]. 贵阳：贵州民族出版社，2008：57.

的人格利益体现得更为明显，意义更为重大。①

众所周知，现代经济活动与古代经济活动的最大不同之处在于，成本与范围都已经拓展到无以相比的地步了，单靠人格信用来确保经济活动履行能力是难以持续的。因此，还需要凭借市场信用来确保相关义务的履行。所谓市场信用是指在经济活动中，一方当事人以其所拥有的财产为基础的社会认同及其因此产生的好信誉所保证的经济活动履行能力，在其现实性上，是一种法律信用。但是，在现代经济活动中人格信用仍然起着重要的作用。因为诚信原则仍然是从事经济活动的各方必须共同遵循的、最为基本的伦理原则。人格信用对维持现代经济秩序仍然起到了不可或缺的作用。不过，"社会生活愈发达，人和人之间往来也愈繁重，单靠人情不易维持相互间权利和义务的平衡"②。这样一来，伴随经济活动程度加深、范围扩大，特别是市场经济的不断深化，人格信用的弱点也就慢慢显现出来了：人们在经济活动中所交往的对手并不是他熟识的，难以判别对方是否具有德性。所以在经济活动中，人格信用还得以市场信用来保证。如江平教授所说：

在现代商业实践中，起决定作用的仍然是其财产的信用，而不是道德伦理意义上的人格的信用，因为他最后仍然是以其财产来对外承担公司的债务责任。③

（四）提高适度消费的践行度

人的知、情、意、行在许多情况下并不是完全统一的，主体对特定

---

① 江平. 江平文集［M］. 北京：中国法制出版社，2000：512－528.
② 费孝通. 乡土中国［M］. 北京：生活・读书・新知三联书店，1985：76.
③ 江平. 江平文集［M］. 北京：中国法制出版社，2000：512－528.

的规范性内容有可能是认同度很高、认知度一般，而践行度却较低。土家族人已经建立起了与生态文明相适应的消费观念，这说明在"培育"方面，适度消费观已经得到合理的内化，这种"内化"需要体现出培育所蕴含的"道德意图的崇高性"。但在践行过程中却有反适度的行为，即在"践行"方面，适度消费观还没有得到合理的外化，这种"外化"还没有体现出践行所要求的"道德行为的有效性"。为此必须提高适度消费的践行度。具有说来，要养成适度消费的德行取决于主体性采取互动式解码。当然，互动式解码的实效性又取决于践行者自我互动、他我互动的效果。

第一，践行者自我互动。自我互动是指践行者的"主我"与"客我"之间的互动，反映着践行者对适度消费的认同心理与认同度。"主我"是每个践行者最主观的自我表达，是其在认同适度消费之前，已经在头脑中萌生了对消费的主观想法及表现行为的那个"我"；"客我"则是每个践行者受到适度消费观的培育倡导者的影响之后，对适度消费观做出自我表达并受到培育者评价和社会期待的那个"我"。每个人对适度消费的自我意识，是在"主我"与"客我"的互动中生成、变化和发展的，同时又是"主我"与"客我"互动关系在价值观念领域中的体现。当然，在"主我"与"客我"的互动过程中，践行者接受到的适度消费观符码与其自身所认为的适度消费观符码定会存在着不一致性，或是对编码信息完全认同，或是部分认同，或是不认同。这种意指空间的多项性，造成两个问题：一是进行解码时带有多项可能性；二是使"主我"与"客我"共通意义的空间扩大了。进而也说明，"主我"与"客我"的互动过程将是一个长期的社会化过程。

第二，践行者他我互动。他我互动是指同为践行者的"我"与"他"之间的互动，反映着践行者对适度消费的践行行为与践行度。适度消费观念内化于心之后，还要外化于行，当他者与"我"对符码化的适度消费观的解码一致时，会强化"我"对适度消费内涵意义的理解；当他者的解码与"我"的解码不一致时，则会弱化或是改变"我"对适度消费内涵意义的理解，甚至会向他者所理解的适度消费内涵意义上转化。自我与他者经过反复的互动之后，对适度消费内涵意义的理解，会达成一致或是部分的一致。在这里，每个个体既是符码化的适度消费观的接受者，又是其传播者，也是其践行者，三种角色彼此影响，每个个体彼此影响。

第五章 土家族政治伦理文化的俱分进化与现代性塑造

以某一个民族作为政治主体，那么它的政治生活是有民族特点的，差异化的民族有不一样的政治伦理文化。但任何一个民族的政治伦理文化都会随着民族状况的变化而变化，会随着时代条件的发展而发展。在整个中国的现代化体系中，土家族政治伦理观念的现代变迁，既体现了现代政治观念发展的共性，又有着民族特性。这一历史变迁究竟是优化还是退化，在哪些方面优化或退化，退化方面如何进行现代性塑造，同样是值得剖析的。

一、从传统到现代：土家族政治伦理文化历史变迁

把土家族作为一个政治主体来看，其政治伦理文化主要体现在国家认同、爱国情怀、民族团结、官员德政、公民政治参与等方面。以这些内容为主要组成部分的政治伦理文化一直处于变迁中。

（一）国家认同

羁縻时期，乃至改土归流后，历史上的重庆酉阳冉氏，秀山杨氏，石柱马氏、陈氏、冉氏，永顺彭氏，思州田氏，唐崖覃氏等土家族土司或是因为历史渊源，或是因为文教引导，或是因为利益诱惑，积极认同

元、明、清所代表的国家正统，表现出极强的国家认同感，成为当时中央政府在土家族地区的政治代表，极大地维护了土司时期土家族地区的安定团结局面，促进了土家族当时经济、政治、文化、社会等方方面面的发展，实现了社会大繁荣、民族大团结，成为中华民族"多元一体"进程不应分割的部分。① 当然，冉氏、杨氏、马氏、陈氏、彭氏、田氏、覃氏等土家族土司又是借助中央政权来确认自己身份职权的，身份职权确立的过程就是认同国家的过程。不过，这种认同不完全是自觉自愿的，更多的是高度服从下的认同②。

进入新社会后，国家层面对少数民族展开民族身份识别工作，新识别的土家族人虽然被确立了"土家族"这一族别身份，但这一族别身份并没有强化他们的文化认同，同自认为是"土家族"的土家族人相比，其民族文化认同相对要弱得多③。如此一来，土家族人对中华民族的认同、对中华人民共和国的认同，其强烈程度普遍高于对本民族的认同④。改革开放以来，深受国家教育影响的年青一代土家族人，拥有高度的国家责任感、积极的民族团结观和良好的中华民族认同感⑤，特别是当代土家族中小学生具有高度的国民身份荣誉感和自豪感，热爱国家传统文化，高度认同中国共产党的执政⑥。所以说，土家族人的国家认

---

① 彭福荣. 重庆土家族土司国家认同原因与政治归附 [J]. 湖北民族学院学报（哲学社会科学版），2012，30（04）：5-9.

② 廖小波，李禹阶. 关于明代西南土家族国家认同的再认知 [J]. 重庆师范大学学报（哲学社会科学版），2014（04）：24-29.

③ 谭晓静. 族籍变更与民族身份认同——基于潘家湾土家族乡的人类学考察 [J]. 中南民族大学学报（人文社会科学版），2012（04）：43-46.

④ 唐胡浩. 社会变迁中的民族认同研究——以来凤县土家族为例 [D]. 武汉：中南民族大学，2007.

⑤ 谭迪，董娅. 鄂西土家族青年国家认同的成因及强化策略 [J]. 湖北省社会主义学院学报，2013（01）：53-56.

⑥ 常轩. 当代土家族高中生民族认同和国家认同的特点——以长阳第一高级中学为例 [J]. 湖北第二师范学院学报，2011（11）：46-48.

同是积极健康的。

（二）爱国情怀

基于对国家的积极认同，土家族人的家国情怀也是积极健康的。每每国家遭遇内乱与外侵之时，土家族土司都是积极参与到平息叛乱、抵抗外敌的斗争中，并屡获战功，在维护国家统一和主权完整、在维护中华民族整体利益方面，都是做出了巨大贡献的①，特别是明清以来，土家族人民的御侮斗争历史就足以说明"土家族是一个热爱祖国、追求进步的民族"②。例如，永顺土司彭翼南在临近过年之际，率土兵赴千里之外的江浙抗倭，立下东南第一战功，若非有忠君爱国之情，岂会有土家族人的"赶年"一说，又岂会在其他军队不断战败之时有土兵的英勇奋战？由此可见，爱国情怀是土兵能建功立业的主要原因之一。彭家军的爱国情怀和抗倭事迹深深地影响着明朝军队，甚至对清朝曾国藩的湘军产生深厚影响③。又如，明朝石柱女宣慰使秦良玉是古代土家族忠勇爱国的典范之一。再如，鹤峰土家族爱国将领陈连升与其子，先后跟随林则徐和关天培同侵略者英勇斗争，在《节马诗册》中以诗为载："越台回首泪纷飞，陈公英灵千古垂。乱后民心思良将，黄骠节马众皆碑。"在新民主主义革命时期，土家族人民的爱国精神又增加了新的时代特征，即为创建新中国而奋斗。④ 土家女儿向警予就是典型代表人物之一。在抗日战争时期，恩施州曾是湖北省的临时省会，同时中国第六战区的指挥中心也设在这里，恩施土家族儿女与外来侵略势力英勇斗

---

① 田光辉，田敏．湘西永顺土司的社会治理与国家认同［J］．学术界，2016（01）：208－218，327－328.

② 李忠良．土家族在御侮斗争中的历史贡献述评［J］．黔东南民族师专学报，2001（01）：30－32.

③ 周方高，周黎民．土家彭翼南在江浙的抗倭事迹述评［J］．湘潭大学学报（哲学社会科学版），2004（06）：89－91.

④ 曾超．土家族传统文化与社会主义和谐社会构建［J］．中南民族大学学报（人文社会科学版），2008（02）：46－49.

争；被誉为"东方的斯大林格勒保卫战"的常德会战，不论是石门会战，或是慈利会战，或是守城战，常德土家族儿女皆同仇敌忾等。

事实上，历代皇帝、"客家"知识精英、"客家"官员与土司及其代办和土舍所书写的金石碑刻，不论是体现"勇、勤、仁、工、严、至、重"的政治观念，还是体现"厚、薄"的经济观念，不论是体现"孝、忠、礼、恕"的道德观念，还是体现"勇争第一和将政事处理寄情于山水之中"的价值感，都是中华传统的观念、情感与意象，它们共同构成了土家族人早期的"中华情结"①，都充分体现了土家族崇高的爱国主义精神。

（三）民族团结

在族际伦理文化中专门讨论，故不在此处赘述。

（四）官员德政

从总体上展开判断，可以看到历史时期的土家族土司们是广施德政的，在司内推崇"仁、义、礼、智、信"精神。例如，《复溪州铜柱记》记载：

> 溪州彭士愁，家总州兵，布惠立威，识恩知劝，故能历三四代，长千万夫，非德教所加，岂简书而可畏！亦无辜于大国，亦不虐于小民，多自生知，因而善处。

由于土司王广施仁政，必然会要求自己管辖的土官有官德，并希望通过推崇中国伦理文化以提高土官与土民的道德素质。老司城"德政碑"书写着永顺土司王在其司内是如何更加注重安全与秩序的，如何

---

① 成臻铭. 武陵山片区明代金石碑刻所见土家族土司的"中华情结"［J］. 青海民族研究，2013，24（01）：126–138.

更加注重公共利益至上的，如何更加注重忠君爱国的……这些立于善政和政德的书写记录"对弘扬土家族优秀的道德传统、用道德力量感化周边他族自利选择的行为，以及促进中央与地方道德融合等方面产生了积极的影响"①，也积极引领后世执政者要有政德，要对老百姓施与善政。当然，历史时期的土司们也有纷争。例如，明清时期土家族土司们的争袭，本来属于族内斗争，但随着矛盾斗争的加剧以及斗争过程中仇杀规模的扩大，争袭双方或是请援于舅党，或借兵于他方，如此一来，斗争也就由族内延展到族外，最后给土家族民众带来沉重灾难②。

进入新社会，在中国共产党的领导下，在《民族区域自治法》的框架下，地方政府都能积极开展行政工作，推动地方经济社会发展；特别是进入新时代，土家族地区的政府部门在各项工作中以习近平新时代中国特色社会主义思想为指导，积极打好防范化解重大风险、精准脱贫、污染防治三大攻坚战，推动民族地区健康发展。

（五）公民政治参与

在新社会，国家层面对少数民族进行了各种形式的公民教育，不断普及政治文化，在此过程中，土家族人逐渐淡化旧的臣民意识，养成新的公民意识，不仅社会主义法治观念深入内心，而且民族平等意识不断深化，不仅政治参与意识显著增强，而且较之以往更加关注社会公共事务③。但是，土家族人（特别是非公职人员）的政治情感常常表现为自在的而非自觉的国家情结，政治评价仅仅是一种简单的理性表达，如此，他们的政治认知往往就在"茫然无知"与"理性无知"之间，没

---

① 彭继红，向汉庆. 从老司城"德政碑"看湘西土司执政道德的引领作用［J］. 伦理学研究，2014（05）：33－36.

② 莫代山. 明清时期土家族土司争袭研究［J］. 贵州社会科学，2009（06）：127－132.

③ 杨晓军. 少数民族地区的公民教育研究——以湖北省恩施土家族、苗族自治州为例［D］. 上海：复旦大学，2011.

有太高的水平①。受有限的政治认知水平影响，土家族人的公民政治参与也就表现得非常弱化，总体参与状况不容乐观。有调查表明，土家族农民对入党入团兴趣不高、积极性不强，整个生产、生活都以家庭为中心，即便是党员、团员，在社会生活中也没有显现出应有的地位来。与此相适应、相匹配，有不少的乡村精英不太愿意出任村组干部②。

自从基层群众自治制度实施以来，特别是《村民组织法》实施的近二十年间，村民自治已在土家族人心中获得了一定程度的认同，但是，与较高认知度相共存的则是低参与度。根据学者们对湖北西部土家族地区农村③、对永顺县羊峰乡青龙村土家族社区④、对长阳县⑤的调查，反映出的种种状况——高认识度与低参与度共存、宗族组织对村民自治建设的负面影响、不能正确认识参政的基本权利与责任等，说明确实需要不断加强政治文化建设，以解决土家族地区传统政治认同逐步消

① 殷红敏．民族村落社区视角的贵州土家族政治认同研究［J］．贵州民族研究，2013（06）：13-16．

② 孙秋云．村民自治制度下少数民族乡村精英的心态与行为分析——以湖北西部土家族地区农村为例［J］．中南民族大学学报（人文社会科学版），2004（03）：23-27．

③ 农村村民自治具有高认识度与低参与度共存的现象，即约1/3的村民因各种原因没有参加选举，54.2%的人"不愿意"和"不太愿意"参与竞选本村的村干部。参见孙秋云．少数民族山村村民自治的民间基础分析——对湖北省长阳土家族自治县龙舟坪镇8个村庄问卷调查结果的解读和阐释［J］．民族研究，2004（01）：19-26，107．

④ 残存宗族势力阻碍了村民依法选举的公开性，干扰了村政决策的民主性，妨碍了村政管理的科学性，影响了村民对村政监督的严肃性。参见瞿州莲．残存宗族组织对村民自治建设的负面影响［J］．青海民族研究，2007（02）：32-36．

⑤ 27.2%和31.8%的民众不知道《村民委员会组织法》和《城镇居民委员会组织办法》；大部分居民对政治参与可能涉及的相关法律法规的认知和熟悉程度也相当低，8.7%的民众不知道选举权和被选举权，34.4%的民众听说过但不太了解选举权和被选举权；当地居民的政治参与观念淡薄，相当数量的居民政治参与的积极性、主动性程度低，有些人甚至不知道人大代表是选举产生的，也不知道他们有选举人大代表的权利，大多数人对于参加选举活动都是无所谓的态度，甚至还有部分居民不愿意参加。参见黄颖．少数民族自治区域居民政治参与研究——以长阳土家族自治县为例［D］．武汉：湖北工业大学，2011．

解、现代政治认同还没强化，政治人格呈现多重性、从依附向独立自主转型，政治态度弱化趋向政治热情等问题①。

二、在优化与退化之间：土家族政治伦理文化的当下形态

通过"政治态度与参与意识""公民身份与公民意识""公民与政府及干部"等关系的考量，考察被调查对象的政治伦理观，从而全面研究当下土家族民众的政治伦理文化。经田野调查，课题组发现：

第一，在公民身份与公民意识方面。随着社会主义新中国的成立、社会主义基本制度的确立，土家族人的主人意识在国家的宣传教育中逐渐养成，时至今日，这种意识的表现是非常强烈的，可以说，土家族人不是缺乏主人翁意识，而是缺乏使他们成为主人的条件，当然这客观条件中也包括自身的因素，比如有无公民意识、政治参与态度端正与否、具备政治参与能力与否等。一般说来，对于"是否为国家主人"这一政治身份、政治角色的认知与评价，可以分为"应该是，实际也是""应该是，实际不是"以及"不清楚"等情况。虽说有62.45%的受调者选择了赞同，但其中有多少属于"应该是，实际也是"不得而知，不过从大于1的标准差来判断，这说明"应该"与"现实"之间存在较大间距。

土家族人不仅具有强烈的主人意识，还有强烈的公民意识，特别是农民不依据"是否为公家之人"来确立自己公民身份。改革开放给农村带来了巨大变化，特别是物质生活和精神生活都有大幅改善，自觉作为公民的地位也随之提升，自尊心、自信心也增强了。这一状况为新时代建设公民社会和法治国家奠定了坚实基础。当然，受调对象未必完全

---

① 李乐为. 少数民族地区政治文化建设的现状及路径选择——以湘鄂渝黔边为例 [J]. 湖南社会科学，2010（04）：69–72.

清楚"公民是有法定权利和义务的人"的含义，未必完全清楚"真实身份"与"应该具有的身份"之间的差异，但是他们表达的态度和倾向性是毫不含糊的，那就是对"公民就是公家之人"这一观点的否定。因此，在今后的宣传教育活动中，仍然需要进一步加强公民教育，且同主人意识相结合，从而形成完整健全的公民意识和公民身份认同。

第二，在政治态度与参与意识方面。基层群众自治可以说是一种具有中国特色的民主政治形式，是参与式的直接民主，学界视之为中国政治民主的逻辑起点，其意义之重大可见一斑。土家族人对基层群众自治的认识、态度，特别是对民主的认识、对选举的态度，比学者们的观点更有实际意义。过半的受调查者对"关心政治、积极参与选举"是没有充分重视的，这就与现代公民的要求有了较大距离。认识上的差距将是影响土家族人真正成为现代公民、积极参与政治活动的一大障碍。结合公民身份认同状况，可以看出土家族人初步具备了公民身份认同的意识，但有关的认识及相应的政治道德素质还有待提高。

在政治参与过程中，最常见的参与形式就是关注国家方针政策、选举和上访。对于国家的方针政策，土家族人是比较关注的，因为个人的事务不是独立的，往往与国家的大政方针相联系，这是公民意识的体现。60%以上的受调查者认为对国家的方针政策是有发言权的，这无疑反映了明确的公民权利意识和责任意识，也反映了积极的政治参与热情。当然，民主不是发表意见建议这么简单。绝大多数土家族人意识到这一点，不过他们抓住民主的关键，即要突出民主的权利。但是，从调查数据来看，仍有相当一部分人认为"不必管"，既可能因为他们参与意识弱，也可能因为参与机制不畅通，还可能因为参与条件不成熟，不论何种原因，这些问题都影响了土家族人的参与热情。

作为重要的民主权利和民主途径的选举，是实现基层自治的好办法。高达70%以上的受调查者认为"选举投票时，相信自己的一票很重要"，这么积极的投票心态，为什么却没有表现出积极参与选举的行为呢？主要原因不在于观念而在于现实中的选举存在种种问题，诸如选举不合程序、贿选、指定候选人等。例如，湘西自治州吉首市某社区居民接受访谈时说：

> 选举主任时，都是村民小组长拿着选票挨家挨户送，有自己家族成员作为候选人时会给予明示或暗示，没有自己家族成员作为候选人时就让村民随意填写，这样一来选举就成了家族势力的较量；合村之后，选举又变成了村庄势力的较量。（课题组成员周忠华整理，访问时间：2015 年 2 月 22 日）

如果把参加选举看成典型的规范性政治参与，把不符合法规的参与看成是非规范性政治参与，那么，上访则可以看成是非典型性的规范参与。如果自己的利益受到损害或是对某项政策强烈不满，倾向于采取规范而理性的方式来维权或解决问题，这自然是上策。66% 以上的受调查者对"对某政策强烈不满时一定要上访"观点持否定态度，说明土家族人对上访这种非典型性的规范参与是缺乏热情的，其中原因更多是缺乏参与机制与参与条件，既有上访成本高的问题，又有上访在操作层面上容易被定性为"非法行为"的问题，还有就是向人大代表反映、向网络和媒体反映渠道不畅通的问题。

综上所述，土家族人对民主及自己的权利义务都有一定的认识，渴望当家做主，渴望享有正当的权利。但与之形成反差的是，他们对实际的政治参与活动是缺乏热情和信心的，特别是对选举和上访表现出的冷淡令人惊讶。联系前面结论，我们不能轻意判断土家族人公民意识差，缺乏政治道德素质。因为决定公民实际政治行为、政治选择的根本因素并不是他们的意识和观念。虽然意识和观念确实也是很重要的因素。正如卡尔·马克思所说：

物质生活的生产方式制约着整个社会生活、政治生活和精神生活的过程。不是人们的意识决定人们的存在，相反，是人们的社会存在决定人们的意识。①

第三，在公民与政府及干部方面。大部分土家族人至少在观念上能够正确认识政府及其领导和人民的关系，若结合反映主人意识、拒斥臣民身份的态度来看，土家族人的自我认同和定位已经接近公民。当然在部分土家族人的观念中还留有不可忽视的臣民意识。这种意识既是传统政治的残留，又反映了现实中政府及其领导管理人民、人民服从并服务于政府及其领导的现象在一定范围内是存在的，而且有些领导干部视之为当然。

改革开放特别是实行土地承包责任制、基层群众自治制度以来，政府在该由政府出手的地方当仁不让，其他方面更多地是由市场和社会进行调节，所以政府介入老百姓日常生产生活不再像以往那样全面深入，由此，老百姓的自主权和自主空间得到进一步扩大，且自主愿望和能力在此历史进程中得到相应的增强。如此一来，社会的公共领域与私人领域日益分离。这种变化是一种社会进步，也是培育公民意识、增强公民政治参与能力、完全实现基层群众自治必不可少的基本条件。但在具体实践中，由于追求 GDP，迫于政绩考核，政府在经济社会发展中表现出过度热心。从积极方面看，这无疑是帮助了群众，促进了群众的生产生活；但从消极方面看，这无疑干预了群众的生产生活自主权，在不知不觉中增强他们的依附性，同培育公民意识、增强公民政治参与能力、完全实现基层群众自治的目标相背离。群众的生产生活离不开政府的帮助，但这种帮助应该是顶层设计、规划引领、体制创新、架构制度、政

---

① 马克思，恩格斯. 马克思恩格斯选集：第二卷 [M]. 北京：人民出版社，1995：32.

策供给、营造环境、搭建平台、提供公共服务，其他比较具体的事应由群众自行处理，这才是现代社会公民与政府关系的正常状态。

基于以上认识，可以看到，要培育公民意识、增强公民政治参与能力、建设公民社会、完全实现基层群众自治，不仅要抓好公民的政治道德建设，还要抓好政府干部的政治道德建设，不仅要具备并遵循政治制度伦理，还要具备并遵循政治运行伦理。

三、重建方向与内容：土家族政治伦理文化的现代性塑造

通过对土家族政治伦理文化的宏观历史考察，以及对当前公民意识、政治参与以及公民与政府（干部）的关系等问题的中观研究，我们发现该民族政治伦理文化发生变化，既有优化的一面，即拥有高度的国家责任感、积极的民族团结观和良好的中华民族认同感、纯真的爱国情怀、强烈的主人意识与公民意识，又有有待优化的一面，如公民认知模糊，公民实际政治参与弱化、参与状况不容乐观，政治运行伦理和政府干部政治道德建设有待加强等。面对种种现象，塑造符合时代需要的政治伦理文化，是当代土家族人进行政治伦理文化建设的基本任务。

（一）在文化身份与公民身份协同发展中突出公民意识

学术界一般认为，身份是指社会成员设想自我与群体之间拥有"同一"的特质，这种"同一"特质是回答"我是谁"等问题的天然基础。而安东尼·吉登斯（Anthony Giddens）则认为人的身份不是一种状况或标签，并非由既有的特质组合而成，而是一项工程，因不同时间、空间和社会状况、历史事件等因素形塑而来。社会化的过程和重要他者，在个人身份建造的过程中担当重要角色①。斯图亚特·霍尔

---

① Giddens, A. Modernity and Self-Identity［M］. Cambridge：Stanford University Press, 1991.

（Stuart Hall）则认为身份实际存在于人们生活中的意义之中，表现在人们社会和文化背景、物质环境影响他们作为身份成员而存在的方式之中①。从上述的界定中，我们可以看出，身份作为一个背景性概念，其所蕴含的内容以及它的含义依社会、政治和文化背景而变化。在"民族—国家"的背景下，身份具有二重性，即作为"公民的"身份与作为"文化的"身份。前者是指授予处于国家共同体中的全部成员的一种地位，拥有这种地位的所有人在赋予的权利和责任方面都是平等的，或者说是"完全成员资格"以及同该资格相联系的带有一定普遍性的权利和义务②。后者是指处于国家共同体中的社会成员共有的文化、集体的"一个真正的自我"③，"是文化民族的归属感"④。"公民身份"由于表征权利和义务，要求国家共同体中的全部成员必须同等对待；"文化身份"由于表征文化理念，却要求国家共同体中的全部成员必须差等对待。因此，在处理具体问题时，有时按照"公民身份"标准一视同仁对待是正义的，有时则按照"文化身份"标准区别对待是正义的。

应该说，"公民身份"与"文化身份"都有解释作用，从某种意义上来说，二者在理论建构和研究上都会是"片面深刻"。在它所强调的要素上，都会鞭辟入里地予以分析与阐释，但对它不强调的要素，则视为无关紧要，可以用并且必须用"奥卡姆剃刀"进行必要的删减，亦即遵循"简约律"。但是，二者的一个根本问题在于忽略了"关系"本位与"过程"建构。我们必须清楚，"身份"是在持续的实践互动关系

① Hall, S., Held, D. & McGrew, T.（Eds）. Modernity and Its Futures ［M］. Cambridge：Polity Press，1992：274 – 280.
② T. H. 马歇尔，安东尼·吉登斯. 公民身份与社会阶级 ［M］. 郭忠华，刘训练，译. 南京：江苏人民出版社，2007：6.
③ 罗钢，刘象愚. 文化研究读本 ［M］. 上海：社会科学出版社，2000：209 – 211.
④ 尤尔根·哈贝马斯. 包容他者 ［M］. 曹卫东，译. 上海：上海人民出版社，2002：133.

中建构的。况且，在何种情境下应当或是必须用"公民身份"标准同等对待，何种情境下应当或是必须用"文化身份"标准差等对待，其看法与做法都是因人而异的。进而，在"民族—国家"这个系统中，始终面临着公民身份与文化身份的张力问题：如果仅承认每个社会成员的公民身份，将社会成员置身于国家统一的制度规范下，那就否定了族群的文化与归属，否定了置身于该族群的个体的文化身份；如果仅承认每个社会成员的文化身份，否定建立在差异文化基础上的共同身份和文化纽带，这个民族国家就面临着分裂的危险，国将不国。

为何以"公民身份"来剪裁"文化身份"会对族群及文化个体构成某种宰制与压迫呢？如果"文化身份"可以完全对"公民身份"置之不理而我行我素的话，"公民身份"如何会对"文化身份"构成威胁呢？因为遮蔽差异性就意味着强制性认同。而"强制性认同"最为粗暴的手法就是将差异性化约为同一性。进而，对"文化身份"的暴力将不可避免。辩证唯物主义认为，无差异的正义原则本身就是不正义的；承认并包容文化差异本质上并非不正义。"差异原则"本身就是正义理论的题中之义，在一个由差异文化族群构成的民族国家里，如何看待这些具有差异性文化背景的族群，是一个不可避免的问题。任何一个族群都在争取文化身份得到"承认"并努力"保护"之。

公民身份在人类文明发展史上发挥着重要作用，并且将一直持续稳定地发挥着作用。它不仅是人类文明发展的结果，而且是促进人类文明不断进步的必不可少的社会条件。首先，公民身份指向或聚焦于国家认同，有利于建构和谐、有序的社会。具体说，公民身份在此体现为社会成员把自己视认为、确认为国家共同体的一员并予以赞同、肯定、支持的态度认同国家的政治、经济、社会制度。从积极的意义上说，这种赞同性的认同态度有利于营造一个和谐有序的环境，促进社会文明进步。从消极的意义上说，这种赞同性的认同态度有利于社会稳定；稳定虽不等同于和谐，但从长期来看，稳定就体现着文明。国内外无数的民族纷争与战乱都源于维系差异并存的共同价值观的缺失或丧失。其次，公民身份具有包容性和开放性。具体言之，在国家共同体里，每一个社会成员，不论他（她）对作为文化共同体的族群认同如何，都不影响他（她）能享有相应的（完全的或不完全的）公民权利，由此也承担相应的（完全的或不完全的）公民义务。公民身份的这种包容性和开放性，一是有利于彰显人的价值，提升人的尊严。"我是公民"，就意味着社会成员不是工具而是目的，"我"的人权必须得到应有的维护，"我"的人格必须得到应有的尊重。因为社会成员对国家的认同既取决于国家维护公民权利的程度，又取决于其他成员或组织尊重公民人格的程度。二是公民身份的这种包容性和开放性，有利于提高人的活动的积极性，进而促进社会文明进步。因为寓于多样性和差异性张力中的公民身份修正了源于多样性的分化和不平等，它的实现使人以一种良好的精神状态进行社会实践，进而人在这种良好的精神状态中，极大地发挥着积极性、主动性、能动性。

正是基于以上理解，我们必须增强土家族人的公民意识。培养公民意识大体上可以从公民个体和社会环境两个方面入手。从公民个体方面来讲，主要是培养个体的公民身份意识，使其明白法律所赋予的权利和法律所要求的义务。从社会环境方面来讲，主要是营造一个公平正义的社会。只有公平正义的社会才能确保每一个公民有效地行使法律所赋予的权利和充分地履行法律所要求的义务。不讲权利义务、只讲人身依附的人，不是公民而是臣民；不讲权利义务关系、只讲人身依附关系的社会，不是公民社会而是王权社会。

（二）不断提升土家族人的公民政治参与有效度

公民政治参与是公民以投票选举、与政府官员接触、反映意见、示威游行、上访等方式加入并影响某一政治过程的行为，是公民通过特定方式对该政治过程的介入以表达相关利益关切。但少数民族的政治参与不是单纯的国家政治体系的参与，它是在国家政治体系参与和少数民族聚居区的地域性的基层政治体系参与的有机统一。这种参与的二重性是基于少数民族地区在同一时空运行着国家政治体系和不具独立性的少数民族政治生活体系造成的，而少数民族地区在同一时空运行着国家政治体系和不具独立性的少数民族政治生活体系正是中华民族的多元一体结构在少数民族政治生活中最为突出的体现。

作为公民介入政治过程的一种现实行为，公民政治参与并不一定都是有利于民主政治发展的，有些时候，不但不支持现行政治体系，甚至可能会破坏现行政治体系。公民政治参与是否会造成消极的负面影响，主要取决于公民所关切利益和所采取参与方式是否具有正向性。在一个参与度非常低的族群或区域建设公民社会，我们首先需要考虑的是参与的结构与过程，然后再考虑参与的功能与价值，更何况少数民族政治参与并不是只有负向功能，特别是国家政治体系在少数民族中的贯彻必须有少数民族的参与。

以上分析显示，土家族人对制度性参与的认同度不高，对非制度性参与方式的认识较为盲目和偏激，手段性参与较多，目标性参与较少，说明土家族人的公民政治参与有效度亟待提升。（1）改善土家族人的生活质量，为有效参与政治提供良好的社会环境。没有物质条件做保证政治参与是没有质量的；只有使土家族人的生活质量得到了较大改善，才会使其参与时间和参与条件更加充足，才会使其参与期望更加实现。（2）完善参与制度，改革参与模式，拓展参与渠道。单一的制度性参与显然会窄化公民参与渠道，也单化了公民参与方式，而且由于诸多缘由导致选举行为的神秘化和上访行为的妖魔化，选举和上访的参与效果都不尽如人意，如此，民众对制度性参与渐渐丧失了信心和兴趣。（3）积极回应公民的政治参与。不论是制度性参与还是非制度性参与，不论是正向的选举、与政府官员接触、反映意见还是负向的抗议、暴乱、示威游行，不论是有着明确的目标还是仅为了发泄某种情绪，任何一种政治参与都需要政府做出积极、及时、有效的回应。政府如果对公民政治参与熟视无睹、置之不理，要么在沉默中灭亡——连动员都不会参与，要么在沉默中爆发——以非制度性、负向的方式参与之。（4）以实质性宣传和引导方式加强土家族人对主流政治文化的认同感，促进主流政治文化与土家族文化的融合。

塞缪尔·亨廷顿（Samuel Huntington）和琼·纳尔逊（Joan Nelson）曾言："政治参与的扩大是政治现代化的标志。"① 现代民主政治发展的过程就是公民的政治参与不断扩大和发展的过程，从某种意义上说，一个国家公民政治参与的程度和水平越高，这个国家的政治发展程度就越高。8000多万人口的土家族的政治参与行为的发达无疑对提升全国的政治现代化水平，推进政治民主化的进程产生积极而重要的影响。

（三）提升政治伦理化运行能力

政治伦理包括但不限于政治设计伦理和政治运行伦理。政治设计伦理是基于对政治的静态结构如组织、制度、法律、政策等进行设计时对伦理的考虑，既包括政治确立的伦理观基础，也包括政治是否具有道德合理性。在实现富强民主文明和谐美丽的社会主义现代化强国、构建人类命运共同体的历史进程中，政治设计应该是全面的、稳定的、明晰的，如此，才能确保政治得以顺利运行。不过，政治的原理及其结构安排既以"人"为现实根基，又因为"人"而导致其运行显得格外复杂。其中，政治运行伦理就是一个不可忽略的因素。政治运行伦理是由政治管理伦理和政治实现伦理组成的。政治管理伦理即对政治本身进行管理的伦理，最为核心的伦理问题便是政治主体在管理上的合道德性和如何合道德地对政治进行管理。而政治实现伦理则是着眼于政治与社会生活之间的良

---

① 塞缪尔·亨廷顿，琼·纳尔逊. 难以抉择——发展中国家的政治参与［M］. 汪晓寿，等，译. 北京：华夏出版社，1989：1.

性互动和功能的有效发挥，最为核心的伦理问题便是实现政治过程的道德合理性和权力机关、政府官员如何合道德地执行制度、法律、政策等。当我们把政治设计的合道德性作为自明性问题时，所要追问的也是政治运行的合道德性了。

少数民族民主政治运行，既包括宏观层面上的国家认同建构、中华民族同构，又包括中观层面上的民族区域自治制度实施，还包括微观层面上的基层政治具体运作。就国家认同建构、中华民族同构来讲，其伦理化运行意味着在遵循差异性与同一性相统一的原则基础上凸显同一性，易言之，把"中华人民共和国"、把"中华民族"作为各民族最高的认同对象。就民族区域自治制度实施来讲，其伦理化运行意味着充分发挥各族人民当家做主的积极性，发展平等、团结、互助、和谐的社会主义民族关系。就基层政治具体运作来讲，其伦理化运行意味着避免"政治承包制"①，避免政府干部们对百姓磨、耗、拖、哄、诓、讨好或央求，避免"开发的政治学"和"缠闹的政治学"②，避免非科层化的官僚制。

那么，如何来提升政治伦理化运行能力呢？那就是要确保政治运行的法治化。因为"法治作为一种法治理想（价值选择）、一种法治原则和制度（治国方略）、一种法治现实（社会状态），其主旨在于依据一定的价值观来构建社会的基本结构和行为方式（运行机制），形成以法律制度为主导的有序化模式"③。政治运行，不论是宏观层面上的国家认同建构、中华民族同构，还是中观层面上的民族区域自治制度实施，

---

① 是指将行政任务层层"承包"给各级政府领导、职能部门及下属部门的负责人，换言之，上级领导和上级部门下达的命令和指示，就是下属部门和责任人签署的"责任状"。参见周庆智. 中国县级行政机构及其运行——对 W 县的社会学考察［M］. 贵阳：贵州人民出版社，2004：131.

② 吴毅. 小镇喧嚣：一个乡镇政治运行的演绎和阐释［M］. 北京：生活·读书·新知三联书店，2007：54.

③ 冯向辉，赵微. 论政治运行法治化［J］. 学习与探索，1999（06）：66–71.

或是微观层面上的基层政治具体运作，都必须通过法治来引导、规范、保障和约束。没有法治，难以确保政治运行的民主性；没有法治，也难以确保政治运行的程序性；没有法治，更难以确保政治运行的高效性。法治政治既是政治运行的逻辑起点，又是政治运行的目的归宿。

（四）加强官德和政治运行中的人伦关系建设

官员作为政治运行中的主体，其角色德性和伦理关系亦是政治伦理文化的重要组成部分。官德作为一种角色道德，加强其建设，就在于明确角色责任，即明确官员的社会责任就是全心全意为人民服务；就在于强化角色技能，即强化官员履行责任的能力，一个没有履职能力的人，本身就是角色失真；就在于准确角色定位，即多重角色的相应要求产生冲突时，能按照"两利相比取其大"的原则予以价值排序，从而做出科学的道德抉择。"官"始终是党和国家公权的执行者，始终是人民利益的维护者，因此，立党为公、执政为民是"官"的基本要求。政治运行过程中的人伦关系是政治运行过程中不同行为主体间所结成的伦理关系；而且政治结构与政治规则又都是以相应的人伦关系为依据而建立起来的。

在新的历史条件下，加强官德和政治运行中的人伦关系建设，需要从以下几方面入手。

一是建立官德规范体系。参考习近平同志对好干部的基本要求，我们认为"信念坚定、为民服务、勤政务实、敢于担当、清正廉洁"[1] 就是党员干部应该具有的角色德性。只有具有了这样德性的党员干部才"不忘初心，牢记宗旨"，才"有党性观念、有度量、有气节、有气魄"，才"面对大是大非敢于亮剑，面对矛盾敢于迎难而上，面对危机敢于挺身而出，面对失误敢于承担责任，面对歪风邪气敢于坚决斗

---

① 习近平谈治国理政（第一卷）［M］．北京：外文出版社，2018：412．

争"。①

二是加强官德的教育和养成。从国民教育入手，加强现代公民道德教育，这是为"官"的根底；从公务员入职开始，加强现代角色道德教育，这是为"官"的要求。

三是加强官德的法治化建设。道德的后盾在法律，道德的底线在法律。通过对官德进行立法，可以将具体的道德规范转化为法律约束力，依据法律条款规约领导干部的选任机制与行为，规约领导干部的权力行为，规约对领导干部的考评行为等。

---

① 习近平谈治国理政（第一卷）[M]．北京：外文出版社，2018：413.

第六章　土家族族际伦理文化的
俱分进化与现代性塑造

族际伦理主要关注的是族群外部的交往生活方式——族群性认同、族际通婚、族际交往、民族偏见与民族歧视、国家认同等方面所体现的伦理关系，是民族关系的伦理学视域，是在两种或两种以上不同的地方性文化相遇时，调整以交往和认同为核心的两个或两个以上民族之间关系的伦理原则、道德规范和行为准则。它蕴含在不同民族的生活历史、生活经验和各种文化活动之中，存在于民族交往和民族认同的生活实践之中。差异化的民族有不一样的族际伦理文化，但任何一个民族的族际伦理文化会随着民族状况的变化而变化，会随着时代条件的发展而发展。这一历史变迁究竟是优化还是退化，在哪些方面优化或退化，退化方面如何进行现代性塑造，同样需要进行剖析。

一、从传统到现代：土家族族际伦理文化历史变迁

（一）族际交往

早在先秦时期，巴人和三苗的一支即已在武陵地区生存繁衍，发展成为现今武陵地区的两大主体民族：土家族和苗族。自汉代起，汉族人就以相当的规模进入本地区。持续不断的人口迁徙奠定了当下武陵地区

以土家族、苗族和汉族为主体，各民族镶嵌、本民族聚居的基本格局。在长期的历史进程中，各民族间形成了共生共存、博弈互惠的密切关系，其中土家族和汉族之间出现了频繁的族群互动：一是破除了"蛮不出洞，汉不入境"（《长乐县志》）的藩篱，大量汉人进入武陵腹地；二是通过朝贡和贸易，又有大量的土家族人进入汉族地区①。元以后，特别是改土归流以后，是土家族同汉民族展开文化互动较为频繁的历史时期，在多种方式的交流、交融和交锋中，频繁的互动不仅强化了土家族与汉族之间的文化认同，而且密切了土家族与汉族之间的交往关系，如此一来，不仅促进了土家族的经济社会发展，也使统一的多民族国家得到进一步巩固②。在此过程中，也出现一些问题，例如土家族汉化进程明显加快，时至今日，只有极少数土家族人能讲土家语，土家族人基本上不穿着民族服装，许多文化符号丧失了，许多表征民族文化的历史记忆真的成了"历史记忆"，当然导致此种现象的更多是自然同化的结果。再如，破除了"蛮不出洞，汉不入境"的藩篱以后，汉族人以相当的规模进入武陵地区并占用较多的资源，如此加剧了族际关系的紧张。土家族与苗族都是较早存在于武陵地区的少数民族，两族相邻而居，历来没有根本性矛盾，从古到今，两个民族在总体上都是相处融洽、睦邻友好。历史上导致土家族与苗族存在隔阂、固化族群边界的历史事件，主要原因还是在于中央王朝的驱使，土司有责任，但主责在中央③。所以，改土归流后，各民族在交往过程中的劳动联系、相互学习过程中的联系，以及"苗汉通婚"等生活联系，是随着改土归流以后

---

① 陈心林. 先秦至唐宋时期武陵地区民族关系简论 [J]. 贵州民族研究，2012（03）：117－121.

② 段超. 元至清初汉族与土家族文化互动探析 [J]. 民族研究，2004（06）：92－100，110.

③ 彭武一. 明清年间湘西的土家与苗家——初论土家族苗族历史上的和睦友好关系 [J]. 吉首大学学报（社会科学版），1987（01）：13－19.

社会经济的发展而发展的，友好关系即相互吸收、相互依存、相互交往已成为民族关系的主流①。在当代，土家族同与之相交往的所有民族都是差异共生、和谐共存的。整个武陵地区的族群关系呈现出从"团体多元主义"到"中华民族多元一体格局"的发展走向。②

（二）他族认同

交往在其现实性上，是主体际的而非个体性的。在不同民族身份的个体交往中，"我"同任何一个"他"交往，都承载着"我"与"他"所属的民族文化信息符码，都体现着各自所属民族的行动逻辑，都表达着各自所属民族的伦理价值和道德规范，因此，"我"与"他"的交往在这个意义上被视为族际交往。对于两个能够长期相处的民族（个体）而言，"他"对"我"、对"我"所属的民族进行伦理认同时，也是"我"对"他"、对"他"所属的民族进行伦理认同。这种双向互动，绝对不是民族伦理文化的替换，而是尊重差异和包容差异。民族关系的文化差异化调适是正确处理族际问题的重要理念与举措③。尊重差异和包容差异也是族际交往应该遵循的基本伦理原则。

历史上曾经形成过深远影响的土家族、苗族、汉族以及其他少数民族之间不平等的族群关系，为争取和占有相关的生计资源，土家族建构了和不断强化着族群、家族、村寨等不同层次的认同和区分。但随着土家族同其他民族在不同场合通过不同方式的交流、交融和交锋，民族之间的斗争性在逐渐减弱，而同一性在逐渐增强。如此一来，历史上"互为他者"的民族关系处境也逐渐被现代"多元一体"的区域性民族

---

① 刘莉，谢心宁．改土归流后的湘西经济与民族关系［J］．吉首大学学报（社会科学版），1991（04）：53 - 58.

② 李然．当代多民族社区族群关系模式探析——以湘西土家族苗族自治州为例［J］．北方民族大学学报（哲学社会科学版），2011（03）：80 - 85.

③ 周忠华．民族关系文化差异化调适研究［M］．成都：西南交通大学出版社，2012.

关系格局所取代，民族的地域认同与国家认同得到进一步的提升①，而且发展的方向就是由血缘性、地缘性认同走向国家认同②。

（三）民族团结

总体上说来，土家族人普遍具有"民族大团结"思想，在经济生活中，他们就主张各民族之间应互通有无、互相补充，而不应该互相封锁或互相敌视；在婚姻关系上，他们要求打破带民族偏见的"蛮汉不通婚"的惯例和禁令，以实现各族男女青年自由婚配的愿望；在文化交往中，他们敢于挺身而出保护古代文化典籍，为繁荣祖国的文化做出积极的贡献；在长期的反封建斗争中，土家族人民敢于抛开狭隘的民族主义，大胆支持汉族人民或其他民族人民的正义行动③。彭家军的抗倭事迹、秦良玉的平乱事迹、陈家军的抵英事迹、向警予的革命事迹、全体土家儿女的抗日事迹就足以说明土家族是一个爱国的民族。

当然，日常生活的道德心理也能体现一个主体的交往活动是否合乎道德的伦理审视，这具体体现在同对象交往的礼貌、仪式、感情等方面。随着族际交往面的扩大，特别是有了较为广泛的族际通婚之后，土家族和苗族对对方的文化都有了进一步的了解与借鉴，极大地改善了武陵地区的族群关系④。

（四）族际通婚

任何一个"我"的行为总是承载着"我族"的民族文化信息符码，总会受到"我族"伦理价值和道德规范的影响，如此一来，个体的行

---

① 陈沛照，向琼. 互动中的认同：一个多民族社区的民族关系研究 [J]. 贵州民族研究，2015，36（02）：9 – 15.
② 陈心林. 南部方言土家族族群性研究——以武水流域一个土家族社区为例 [D]. 北京：中央民族大学，2006.
③ 鲜于煌. 土家族民间故事中"民族大团结"思想 [J]. 西南民族学院学报（哲学社会科学版），1999（05）：52 – 55，65.
④ 李然，王真慧. 当代湘西苗族土家族互化现象探析 [J]. 中央民族大学学报（哲学社会科学版），2012，39（04）：30 – 35.

动逻辑或多或少地被民族行动逻辑牵制。进而，"我"的婚恋行为总会受到"我族"的婚恋文化观念与制度的影响或牵制。换言之，族群的婚恋文化观念与制度总是阻碍个体婚恋选择自由度的"大他者"。这个"大他者"强化了族内婚姻而阻碍了族际通婚。族内婚姻的强化，就使得近亲结婚趋势在不断地加强，就空间距离来看，其极限便是同宗族的村内婚。强化族内婚姻的结果便是人口质量的下降——身残智低的人口在不断上升。"在改土归流前，土家多与土家结婚，和汉人及其他族通婚的很少。"① 这就说明在改土归流前土家族人是强化族内婚姻而不支持族际婚姻的。改土归流后，土家族"对族际通婚不加限制""与外族通婚普遍"②，但是主要限于没有隔阂的民族。

由于特定的历史事件，土家族与苗族存在隔阂和固化族群边界，如此，土家族与苗族的通婚，不像与非隔阂民族那样普遍且不加限制。在新中国成立前，苗族人是非常欢迎汉民族、土家族的姑娘嫁给苗家阿哥的，而限制甚至个体家庭禁止苗家阿妹嫁给汉民族、土家族男子，违反此规定者，重则可能被"沉猪笼"，轻则也有被驱逐、被歧视之患。反之一样，如果土家族的姑娘嫁给了苗家阿哥，或者是土家族的男子娶了苗家阿妹，他/她虽不会像苗族那样被"沉塘""沉河"，至少在本宗族中是被排斥、被孤立、被歧视的。中华人民共和国成立后，伴随社会主义民族平等政策、社会主义婚姻法规的实施和影响，此种状况才得以慢慢改变。从实地调查来看，目前土家族与苗族彼此通婚基本上是持赞成态度的③，特别是近40年来彼此大规模的通婚，有效地促进了两个民

① 汪明瑀. 湘西土家概况［C］//中央民族学院研究部. 中国民族问题研究集刊第四辑. 北京：中央民族学院研究部（内部刊物），1955：187.

② 马戎. 中国各民族之间的族际通婚［C］//马戎，周星. 中华民族凝聚力形成与发展. 北京：北京大学出版社，1999：172.

③ 李然. 当代湘西土家族苗族族际通婚与文化互动［J］. 贵州民族学院学报（哲学社会科学版），2011（03）：63–67.

族间的融合，形成了族际和谐、民族团结、社会稳定的局面。

土家族人从族内婚姻到族际婚姻，并不断突破族群界限和地域范围的历史轨迹，反映了土家族与其他民族的关系曲折发展的历史过程；族际通婚对象的不断增多、通婚范围的不断扩大的发展史事，反映了土家族与其他民族的关系摆脱恶性路径依赖、走向良性发展路径的客观实际。可以说，到目前为止，民族身份对土家族人的择偶行为是没有太多影响和牵制的，"配偶的民族成分可能仍然主要取决于选择机会"①。当然，历史上形成的族群间不平等结构和彼此的文化偏见在意识层面上对民众的择偶倾向也有一定影响，不能说绝对没有。

二、在优化与退化之间：土家族族际伦理文化的当下形态

通过对"民族认同与国家认同""本族与他族""尊重与歧视""认同与分化""族内通婚与族际通婚"等关系的考量，考察被调查对象的族际伦理观，从而全面研究当下土家族民众的族际伦理文化。经田野调查，课题组发现：

第一，土家族人高度认同中华民族，并极力反对民族分裂。在中央民族工作会议暨国务院第六次全国民族团结进步表彰大会上，习近平同志曾指出：

> 加强中华民族大团结，长远和根本的是增强文化认同，建设各民族共有精神家园，积极培养中华民族共同体意识。②

---

① 邱泽奇. 湘鄂山居民族的社会与经济——土家族社区发展调查 [C] //马戎，潘乃谷，周星. 中国民族社区发展研究. 北京：北京大学出版社，2001.

② 中央民族工作会议暨国务院第六次全国民族团结进步表彰大会在京举行 [N]. 人民日报，2014－09－30 (01).

"中华民族共同体"的提法，不仅突出国家认同，更突出对56个民族休戚相关、荣辱与共的命运共同体的认同。土家族人世居在武陵山片区，虽说在这里没有极端的民族问题和民族矛盾，但也像其他民族地区一样存在一些影响国家认同和民族团结的消极因素。人们不能忽视更不能否定这些消极因素的存在，唯一要做的就是化消极因素为积极因素，努力促进少数民族的国家认同和民族团结。调查数据显示，土家族民众对"56个民族是一家"是持肯定态度的，而且极力反对民族分裂。这说明土家族人的国家意识较为强烈，首先想到自己是中国人，是中华民族的一分子。首先想到自己是中国人，这是从公民共同体角度来明确土家族人对中华民族的认同；首先想到自己是中华民族的一分子，这是从文化共同体角度来明确土家族人对中华民族的认同。

第二，对民族身份存在多元化认识，且认识的模糊性较强。主观性归属判定往往需要客观因素作为支撑要件；作为主观性归属判定的民族认同大体可以借鉴斯大林所概括的共同语言、共同地域、共同经济生活、共同文化这几个因素来做出相应的判断。世居在武陵山片区的土家族人有通用的土家语，对当地的生产生活方式、风土人情、风俗习惯都了然于心，文化上具有高度的同质性。然而，伴随各种形式的开发与人口的流动，文化、生活方式相异的人产生了交流，在此过程中，彼此的差异性被显现出来，不仅有了交融，也有了交锋，于是对身份归属的需要变得越来越重要、越来越紧迫。民族身份的厘清，在较大程度上就是为了满足人们的身份归属感，同时也有利于身份差异族群共生共存于同一地域空间。调查数据显示，土家族民众对土家族汉化问题存在多元看法，在"民族区域自治会强化民族意识"这个观点上有一定分歧，这就说明土家族人对民族身份存在多元化认识，且认识的模糊性较强。本来土家族汉化与汉族土家化是受多重因素影响的，例如人地因素——移民导致人地关系变化，平地、山地、山区等不同地形的互化程度不同；例如文化因素——语言习得、通婚、教育等。在此双向互化的过程中，

"新"土家族人——被识别为土家族而自认为其他民族（特别是自认为汉族的）与汉化土家族人——讲汉语、穿大众服装、居住汉式楼房的土家人，对于少数民族身份的认同都是较为淡薄的，他们更多地以本地人自居，凸显出地域身份来。对于这种现象，既可以通过引导使各民族进一步融嵌，相互交往，逐渐淡化彼此之间的隔阂和消解彼此之间的差异性，并逐渐增强中华民族共同体意识，也可能造成民族认同混乱，进而诱发出其他消极因素，引起相应的民族问题和民族矛盾。

第三，尊重文化差异，取长补短，却又文化自信不足。由于生境差异和进化多样，文化差异自有民族以来就一直存在着；且迄今为止，人类也没能从社会科学中找到某些一般原则以使各民族间的文化差异失去意义。不仅如此，各民族反倒越来越关怀自己所属文化的独特性，而且由于文化具有社会历史传承性和相对独立性，这种独特性是难以改变的。尊重差异是一种开放包容的心态，它在重视自身文化发展的个性特色的同时要求关注和吸收其他文化形态的差异特色，借鉴其他文化形态的优秀成果来完善发展自身。任何一种文化形态，如果都具有这种心态和思路，那在与其他民族文化交往互动过程中，就会有一种理性的文化自觉，即以开放包容的心态认识和理解其他民族文化，进而在保持自我特色的基础上丰富发展自我。尊重民族文化差异是为了实现各民族更好地共同生存和发展，在各种不同的可能性发展中寻找差异共存是一种现实的也是必然的选择。当然，包容与尊重差异是善于异中求同，在交往双方平等的基础上，既尊重自我，也尊重他者，但并非不讲原则、一味迁就。土家族人尊重文化差异，但相当一部分受访者却表现出明显的文化不自信，对本民族文化显示出一种弱认同。认同作为一个识别象征体系，它是标识"自我"特征以示区别"他者"的。正如威廉·康奈利（William Connolly）所言：

> 差异需要认同，认同也需要差异……解决对自我认同怀疑的办

法，在于通过构建与自我对立的他者，由此来建构自我认同。①

当一种民族对自己的文化产生了弱认同，则意味着开始由文化自信走向文化他信了，这不仅不利于民族认同，也不利于本族文化与其他文化（特别是国家主流意识）的双向互动。

第四，族际通婚较为普遍，但承载着通婚压力。在人类学研究中，族际通婚是判断不同民族是否彼此认同的重要维度之一，它不单单是两个异性之间的结合，更多地体现了两个个体所代表的民族文化的融合，是民族关系深层次状况的集中反映。人们可以根据族际通婚率来判定各民族之间的社会距离、人口异质性和社会融合过程与状况。广泛而有效的族际通婚可以促进民族交流，消解民族隔阂，增进民族团结。族际通婚率越大，说明民族交往与交流越频繁，民族认知越深刻，民族友谊越深厚，民族关系越团结和谐。以往的研究成果和本课题的调查数据都显示现阶段土家族人对族际通婚大多数是持赞成态度的。但是，个体真正面临族际通婚时，不论是择偶、恋爱、结婚乃至婚后生活，普遍认为是有压力的。这种压力有以下几种可能。一是民族偏见与歧视。对某个民族产生偏见与歧视，势必会影响民族成员间的交往关系，进而也就不可能在存在偏见和歧视的民族间实现广泛而有效的族际通婚。或者说，当某个民族的成员普遍遭遇偏见和歧视时，他们是不可能与其他民族进行大规模通婚的。二是文化适应状况。族际通婚除了两性结合之外，还有价值、信仰、意识形态、语言等方面的交流，当两个个体所代表的民族文化能够实现交融时，说明彼此有了较强的文化适应性，而当两个个体所代表的民族文化产生交锋时，则说明彼此的文化适应性是非常弱的，甚至没有文化适应性。没有较强的文化适应性，即便通婚，也难以产生

---

① William E. Connolly. Identity/Difference：Democratic Negotiations of Political Paradox，Ithaca［M］. New York：Cornell University Press，1991：73.

认同的同化，更难以形成态度——接受的同化和行为——接受的同化。三是民族分层。各民族不平等的社会经济地位，不仅导致公共领域中不同民族成员的分离，还造成占据高势位的民族排斥占据低势位的民族。族际通婚不可能在这种分离或排斥的状况下大规模地形成。四是个体因素，例如年龄，年龄越小的越容易接受族际通婚；再如教育程度，教育程度越高的人越容易摒弃偏见与歧视，进而越容易接受族际通婚等。

三、重建方向与内容：土家族族际伦理文化的现代性塑造

通过对土家族族际伦理文化的宏观历史考察，以及"民族认同与国家认同""本族与他族""尊重与歧视""认同与分化""族内通婚与族际通婚"等关系问题的中观研究，我们发现土家族族际伦理文化发生变化，既有优化的一面，即高度认同中华民族，并极力反对民族分裂，主张民族平等，尊重文化差异，支持族际通婚；又有有待优化的一面，例如民族认同模糊、文化自信不足、深感族际通婚压力等。面对种种现象，塑造符合时代需要的族际伦理文化，是当代土家族人进行族际伦理文化建设的基本任务。

（一）基于国家认同的民族认同

土家族人高度认同中华民族，并极力反对民族分裂。但土家族人对自身认同却产生了模糊性。这说明两点：一是土家族人在国家认同上表现出层次性，二是土家族人在民族认同上有消极性。对于认同的层次性，我们认为，它并不一定是引发矛盾与冲突的根因。陈心林博士对湘西州泸溪县潭溪镇土家族的研究，非常有力地说明了民族认同与国家认同完全可以是并存不悖的。对于消极认同，我们认为：虽然尚未存在于整个土家族当中，却已经存在于部分族人——被识别为土家族而自认为其他民族（特别是自认为汉族的）土家族人与汉化土家族人之中。产

生消极认同的土家族人往往以消极、颓伤的眼光看待自己的民族性，这些人也常常对自己的民族性背负着一种沉重的污名感、耻辱感和自卑感。但凡有了消极认同，那么对本民族的感情依附就会隐晦得多，既不易表露也极易断裂。

民族认同的模糊性，往往会淡化甚至是消解族人对自己民族归属和民族利益的感悟。一是造就残缺的民族意识。一个在民族认同上模糊的族人，往往是缺乏感悟民族归属和民族利益动力的，甚至会在自觉或不自觉间消解既有的感悟性，结果造成民族意识的残缺。二是使民族意识处于随时被消解的状态。在民族认同上具有模糊性的族人，往往是具有极大的外倾性的，他们随时可能融入新民族而建立起新的认同，把原有的民族性特征（特别是外显的特征）丢得一干二净，从而使原有的民族意识被消解掉。巴西黑人将自己或自己的后代认同于白人便是一例①。三是可以使民族意识的发展走向歧路。背负着一种沉重的污名感、耻辱感和自卑感的民族，要不是自己过于落后，要不是遭遇民族歧视或民族排斥等，更大程度上是后者。因此，具有外倾性的族人往往又会被他族中具有积极认同的人（特别是狭隘的民族主义者）排斥。为了排遣和发泄在认同转移过程中遭挫所造成的种种不快，认同的模糊性就会成为破坏社会的诱因。王希恩教授就认为：

> 现代一些国家少数民族的犯罪率明显高于主体民族，可能是对民族压迫和民族歧视的一种反抗，也可能是对正常社会秩序的一种破坏，但它并不是一种正常民族意识的觉醒，而是民族意识的一种畸形发展。②

①　M. Г. 科托夫斯卡娅，孙士明. 巴西人的民族模式 [J]. 民族译丛，1994（03）：1-7.

②　王希恩. 民族认同与民族意识 [J]. 民族研究，1995（06）：17-21，92.

民族绝非是一个想象的共同体，斯大林认为它有共同语言、共同地域、共同经济生活和共同心理素质四大特征。而作为集体性认同的民族认同，又往往表现在有共享的信念、历史的延续性、积极行动、特定地域、共同的公共文化等因素。在这五个因素中，除了积极行动，都必须在历史中寻求直接或间接的合法性支持，因为信念、文化、领土及历史的形成都有一个漫长的过程，不可能一蹴而就。正如戴维·米勒（David Miller）所言：

> 当评价民族认同的时候，我们不仅要看当今的认同在于什么——人们认为一个意大利人或日本人意味着什么——而且要看它出现的过程。①

这就是说，历史过程对于民族认同具有先在性。为此，对于被识别为土家族而自认为其他民族（特别是自认为汉族的）土家族人与汉化土家族人而言，增强他们的民族意识，提升民族认同度，就必须放在"历史"中进行。但是，信念、文化、领土的历史性或者说是生成性恰恰说明它们的含义从来就不是明晰的。所以，我们认为对民族认同做一般性概括难免显得空洞，必须将信念、文化、领域等置于特定的历史条件下。在当下，提升"新"土家族人与汉化土家族人的民族认同度，必须做到以下几点：

第一，保护土家语。语言承载着一个民族的传统文化，表征着该民族的历史，是本族成员彼此认同的基本符码与纽带，寄托了成员对民族历史与文化的浓厚情感。如今相当一部分土家族人不能熟练地掌握和使用本民族语言了，而且土家语在其日常生活中的实际用处不大，难以体现人们的民族身份，更没有成为族群内部交流和凝聚力量的重要工具。

---

① 戴维·米勒. 论民族性［M］. 刘曙辉，译. 南京：译林出版社，2010：41.

在此状况下，土家族人需要保护本民族语，虽说族际交往是普通话，但族内交往应该尽量用土家语进行交流，况且民族语言具有文化象征。

第二，保护传统文化。土家族是一个历史悠久、文化深厚的民族，文化独具民族特色。有 600 余年的傩堂舞、摆手舞、茅古斯舞，有牛王节、舍巴节、女儿会，有吊脚木楼，有白虎崇拜等。这些传统文化在规范传统社会秩序、维系传统伦理观念和培育个体向上向善价值取向等方面发挥积极作用。在新时代，人们需要做的是，如何让这些传统文化实现推陈出新，或是内在创造性转化，或是外在批判性重建。事实上，每个民族的文化都是先进与落后并存、精华与糟粕共生。对土家族传统文化实现内在创造性转化或是外在批判性重建，都必须符合历史发展规律，不能局限在某种立场上；如果把特定的社会限定的特殊形式等同于文化的一般性历史内容，那么，拒斥一种文化也就可能拒绝一种文明，保护一种文化也就可能迁就了落后。

第三，增强文化自信心。文化自信首先是基于主体的，即指向主体自我的自己相信与身体力行的心理状态，即无论主体所承载文化是怎样的，作为文化的承载主体，你都必须自信。从宏观层面上来说，在改造世界的实践活动中，如果主体没有"对自己的现实性和世界的非现实性的确信"①，就不可能"以自己的行动来改造世界"，并把"改造世界"的实践活动进行下去。从微观层面上来说，主体如果没有这种心理机制，就不可能产生积极能动的行为，进而就不会去关注自身所代表的民族文化了。显而易见，基于主体的文化自信就是依附于主体自信的文化自信。

这种基于主体自信的文化自信不仅是根源性的自信，而且是目标性的自信。拥有并坚守着这份自信心，主体便自觉地去为维护本民族的文化做出努力。从具体历史境况来看，在盛世中，拥有并坚守着这份自信

---

① 列宁．列宁全集：第五十五卷［M］．北京：人民出版社，1990：182.

心的主体便通过"顺境中的美德"作用于民族复兴梦想，让人从"俊极于天"的大化中感受"中华之道"，让人产生一种不自觉但又十分激越和超迈的优越感、尊荣感、自豪感。在乱世中，文化自信借助"逆境中的美德"作用于民族复兴梦想，让人从"残灯绝笔尚峥嵘"的忧虑中感受"道莫盛于趋时"，让人产生一种"花果飘零"而"灵根自植"的"自信自守中之希望与信心"。①

第四，增强集体记忆。集体对于一个民族来说，它能够让所有成员都有一种集体归属感，直接影响成员对本民族的认同，直接影响成员的文化身份认同。可以说，集体记忆是增强民族认同的基本前提与重要基础。没有了集体记忆，也就丧失了认同的背景。零散的成员个体正是通过集体记忆这一介体来实现民族认同的。过牛王节、舍巴节、女儿会，跳起傩堂舞、摆手舞、茅古斯舞，修建吊脚木楼，服饰上绣着白虎，祭祀八部天王等，都是增强土家族集体记忆的基本方式，人们需要用好用活。

当然，增强土家族人的民族意识，提升其民族认同度，并不意味着民族认同强于国家认同。我国实施的民族区域自治制度已经从政治层面上既保障不同民族差异共存、和谐共生，又确保了国家统一。历史经验已经证明，现实案例正在证明，发展趋势继续证明，在这种体制之下，地方性的民族群体是将民族认同和国家认同一并整合到自己的日常生活之中的，并没有显现出矛盾。

（二）以法治思维与方法反对民族歧视

中国共产党从其成立之日起，就坚持民族平等、反对民族歧视，革命时期的苏区要求"消灭一切民族间的仇视与成见"②，新中国成立后

---

① 唐君毅. 花果飘零与灵根自植［J］. 祖国，1953（4）.
② 中共中央统战部. 民族问题文献汇编（一九二一·七——一九四九·九）［M］. 北京：中共中央党校出版社，1991：170－171.

从宪法到部门法都确立了反对民族歧视的基本立场，形成并完善反对民族歧视的法律体系。全国人民代表大会常务委员会执法检查组《关于检查〈中华人民共和国民族区域自治法〉实施情况的报告》中提到的"近年来，在内地的一些服务性窗口行业，比如车站、机场、码头、出入境等安全检查中，以及宾馆、商店的入住、购物中，歧视、拒绝来自某些民族地区的少数民族群众（甚至包括汉族群众）的情况时有发生。虽然国务院及有关部门多次发文，强调要落实好民族政策，并进行专项检查，纠正这类问题，但问题仍然存在，造成不好的社会影响，民族地区群众反应强烈"① 的情况，主要基于以下原因造成：

一是对民族优惠政策的误解。近年来，"那种以为只有汉族帮助了少数民族，少数民族没有帮助汉族，以及那种帮助了一点少数民族，就自以为了不起的观点"② 有所抬头。

二是民族认同的增强。伴随社会转型和社会阶层的多元化发展，以往的阶级认同在少数民族地区逐渐被民族认同取代，狭隘民族主义的表现也有所抬头。

三是文化适应的困境。城乡结构被打破，区域发展在协同，各族群众在人口流动中实现了文化的交流，也遭遇了文化的交锋，各自都在进行文化调适，以便适应对方。在文化适应过程中，难免出现个别少数民族流动人口不适应城市，特别是东部沿海大城市的生活方式和社会治理方式，而城市居民也不理解少数民族流动人口生活方式，相关职能部门对少数民族流动人口的服务与管理机制同样存在不适应之处。如此，极容易将个别人的行为"标签化"，甚至"污名化"为该民族的行为。

四是选择性执法、执纪。从事服务与管理的工作者对少数民族，特

---

① 向巴平措. 全国人民代表大会常务委员会执法检查组关于检查《中华人民共和国民族区域自治法》实施情况的报告 [EB/OL]. 中国人大网, 2015 - 12 - 22.

② 习近平. 在中央民族工作会议上的讲话 [EB/OL]. 新华网, 2014 - 09 - 28.

别是少数民族流动人口有选择性执法、执纪情况，这就助长了部分社会民众对相关少数民族产生负面评价。

我们概括的原因没有穷尽，而且具体问题需要具体分析。不论何种状况，既不可以粉饰、掩盖和回避，更不能无中生有地做出解释。我们唯一能够做的就是以法治思维与方法反对民族歧视。

第一，摒弃"反民族歧视法"本身就是民族歧视的观念，尽快制定"反民族歧视法"。只要民族排斥思维依旧存在着，民族歧视就会或明或暗地存在。这种歧视不仅存在于主体民族中，同样也存在于少数民族中，不论是哪个民族，都适用"反民族歧视法"，不存在"反民族歧视法"本身就是民族歧视的问题。只有制定了专门的"反民族歧视法"才会使《中华人民共和国宪法》《中华人民共和国民族区域自治法》等法律法规中关于各民族一律平等、禁止歧视任何民族的规定得以具体化，且更具操作性。

第二，在《中华人民共和国民法通则》《中华人民共和国侵权责任法》等相关法律法规中增加反民族歧视条款。只有明确规定民族歧视行为是一种侵权行为，但凡侵权就应该承担相应的民事责任，如此，才能体现宪法的保护原则。

第三，将《中华人民共和国消费者权益保护法》等法律法规中宣示性条款修改为明确性条款。在我国，有反民族歧视规定的法律法规，细数起来有十几部，例如《中华人民共和国消费者权益保护法》《中华人民共和国选举法》《中华人民共和国民族区域自治法》《中华人民共和国反恐怖主义法》《中华人民共和国刑法》《中华人民共和国劳动法》《中华人民共和国就业促进法》《中华人民共和国治安管理处罚法》《中华人民共和国教育法》《中华人民共和国广告法》《中华人民共和国商标法》等。但这些法律法规对反民族歧视的规定大多数是宣示性条款，这样就难以明确相应的法律责任。现阶段，如果对民族歧视做出明确规定，那么在容易发生民族歧视的场合，人们就可以依据相关规定修改完善行业行为规范。一旦发生民族歧视行为，人们可以依据相关条款依法处理。

第四，建立健全相关追责机制。当我们形成较为完善的反民族歧视法律体系后，可能面临着有法不依、执法不严、执法不规范等问题。因此，要像追究生产安全责任和环境保护责任一样，追究相关单位、相关领导、相关人员的民族歧视行为的责任。

第五，设立相应职能机构。与反民族歧视法律体系相配套，在各级民族事务委员会设立相应职能机构，专门受理关于民族歧视的投诉、举报，并对相关投诉、举报进行核查、调查，协调处理相关事件，对遭遇民族歧视者进行法律救济。

（三）增强民族文化自信心

作为一种心理积淀机制，自信从一开始就是社会的产物，不管人们是否真正意识到它。因为在改造世界的实践活动中，存在着"作为规定的主体的存在中所具有的对自己的确信，就是对自己的现实性和世界的非现实性的确信"①。如果主体没有"对自己的现实性和世界的非现实性的确信"，就不可能"以自己的行动来改造世界"，并把"改造世界"的实践活动进行下去。同时，我们还必须清醒地意识到，自信不仅指向于自身，还指向于他者。因此，我们所谓的"自信"，内在地包含四种基本释义：一是指向主体自我的自己相信；二是指向主体自我的身体力行；三是指向他者的包容差异；四是因比较而产生的优越感、尊荣感、自豪感。第一、二种释义意指主体知行合一；第三种释义意指对他者的宽容；第四种释义意指行为后果产生的自我效能。这既体现主体的知与行相统一，又体现自我与他者相统一，还体现行为过程与行为结果相统一。

---

① 列宁. 列宁全集：第五十五卷［M］. 北京：人民出版社，1990：182.

　　所谓"民族文化自信"是指以本民族的文化实践能力为标志的、关于本民族文化的积极肯定的态度和看法。其内涵意蕴有三重，一是基于主体的，即指向主体自我的自己相信与身体力行的心理状态；二是基于文化特殊性的，即指沉浸在文化基本内容的特殊性之中的自信；三是基于文化先进性的，即指因文化先进性而使得主体践行产生强大自我效能。

　　基于主体的文化自信，就是指无论主体所秉持或信奉的文化怎样，作为文化的承载主体，都必须自信。从宏观层面上来说，在改造世界的实践活动中，如果主体没有"对自己的现实性和世界的非现实性的确信"，就不可能"以自己的行动来改造世界"，并把"改造世界"的实践活动进行下去。从微观层面上来说，主体如果没有这种心理机制，就不可能产生积极能动的行为，进而就不会去关注自身的文化了。显而易见，基于主体的文化就是依附于主体自信的文化自信。当然，文化自信不仅指向于主体自身，还指向于他者。这既体现了主体的知与行相统一，又体现了自我与他者相统一，还体现了行为过程与行为结果相统一。如此，主体有何理由对自身所秉持或信奉的文化不去自信呢？

　　民族文化的差异化生成，使得各民族、各国家的文化自成体系。但在世界历史时期，人类文化观念正在呈现出某种趋同性。"共识性"文化观念的客观存在表明，现代文化观念之特色，已不是原初意义上的性质差异化，而是人类共识性文化观念的差异化形态。今天我们所理解的"民族文化"是在类性文化形成之后，或者是趋于形成时，最起码是差异化的文化有了交互活动之后才产生的新事物，是人的类性文化不断形成而民族文化仍然多元化的必然结果。基于此，主体对自身所秉持或信奉的文化的特殊性都有沉浸其中流连忘返的深深自信，因为这种文化观念的生成、发展，既是主体所为的，又是为主体的，它深深地嵌入主体的言行之中，其他任何文化观念若不与之相重构、融合而生硬地放在这里，那必定是格格不入、针锋相对的。如此，非常推崇文化特殊性的主体又有何理由不对自身所秉持或信奉的价值观不深度自信呢？

只要类整体的人依然存在着，我们就不能否认人类存在着"共识性"的文化理念。"共识性"既是文化观念沟通与交流的内在根据，也是文化观念比较与借鉴的基本平台，更是展现其先进性的根本遵循。若某种文化的基本内容在交流、比较、竞争中能成为更多的"共识性"内容，那么它的先进性就会增色，进而，主体对这种文化的自信就会油然而生；反之，主体则可能产生文化焦虑、文化纠结、文化自卑等情结。先进的文化，一旦为主体所践行，必须产生强大自我效能，即越是认同得深刻、认同得广泛，越是践行得持久、践行得广泛，越是海纳百川、美美与共，文化自信也越有基础、越有厚度；同样，越是自信得坚定、自信得有力，认同、践行、宽容也更加自觉、更有动力。

增强土家族文化自信心，可以从以下几个方面入手：

一是充分开掘土家族文化遗产的价值内涵。文化自信的前提是文化自觉，而深掘本民族的文化遗产价值更是文化自觉的突出表现。例如，土家族生态文化中，采取了轮歇制度——根据土壤肥沃程度和坡地陡峭斜度的不同，采取无轮作刀耕火种、短期轮作刀耕火种、长期轮作刀耕火种等不同的耕作方式进行生态补偿，以调适到生态平衡的程度。再如，土家族禁忌文化中，禁用手指、筷子或刀具指向别人，尽管有迷信色彩，但蕴含着与人为善的价值观念。这些观念具有正向价值，符合社会主义核心价值观要求。尽管目前学术界对土家族生态文化、族际文化、守则文化、礼制文化、规范文化、德性文化等进行了较为深入的研究，但仍然有许多好的价值元素值得进一步开掘，特别是伦理文化。

二是立足土家族文化传统不断传承。每个民族都有自己的文化传统，尽管在文化生成的过程中会遭遇时代变革和文化交流带来的种种影响，但"是其所是"的根脉一直在传承。不过，文化的传承需要主体具备自觉性，即自觉地把本民族文化传下去，让其在历史中得以绵延。如果没有主体的自觉传承，那么在遭遇时代变革和文化交流时，很可能会被势能强的文化鲸吞。正如云杉所言：

> 我们必须以对民族、对历史、对后人高度负责的精神，把传承民族优秀文化作为义不容辞的责任，更好地利用民族文化滋养民族生命力、激发民族创造力、铸造民族凝聚力。[①]

目前，土家族在整体上是一个被汉文化濡化得较为厉害的民族，有些文化符号必定会在同高势能文化的交流中消失，但体现本民族价值观念的各种文化资源却需要采取必要的举措进行开发、利用与保护，其中培养民族文化传承人最为重要。

三是实现土家族传统文化创造性转化和创新性发展。自信不是那种"我自信，我就是自信"的妄自尊大，凡妄自尊大者定是故步自封的；故步自封者定是守旧的；守旧者定是不能创新的；没有了创新与创造，何来自信?! 土家族文化生成于特定的生境中，其后的生成、发展必须适应社会存在，特别是满足族人的社会需求。在文化发展的路径选择上，土家族人既不能走复古之路，也不能走他化之路，最为科学的抉择就是实现传统文化创造性转化和创新性发展。但创造性转化和创新性发展必须坚持正确的方向，那就是使蕴含着未来发展前途的因素与社会主义核心价值观保持一致，并转化为土家族人对自我生命存在的自信。

（四）疏解族际通婚压力

从一般意义上来说，民族关系改善能够促使族际通婚的增多，族际通婚的增多又能进一步改善民族关系。一旦少数民族同胞面临了族际通婚压力，则说明通婚并不一定是当事人双方自由选择的结果，而是受婚

---

① 云杉. 文化自觉 文化自信 文化自强——对繁荣发展中国特色社会主义文化的思考（上）[J]. 红旗文稿, 2010 (15)：4–8.

恋背后的经济、政治、文化等方面的因素所影响①。换言之，导致族际通婚压力的压力源是社会环境，包括语言互通、宗教信仰、人际冲突、政治动乱、文化适应等，不是简单的个体婚姻调适问题，即不是简单地因为认识差异性、应对能力差异性、人格特征差异性就可以进行调适的。那么，疏解族际通婚压力就需要做到：

一是用法律保护族际婚姻。在族际婚姻问题上，国家层面必须改变以往由民族习惯法主导的暧昧做法。民族习惯法主导的族际婚姻，往往容易造成国家法律对族际婚姻的"不干预"。这种"不干预"的负面效果就是对正当婚姻的"不保护"。在新时代，国家不仅要保护族际婚姻当事人的自由选择，还需要防范反对势力利用宗教信仰、文化差异、民族冲突事件等干预和阻碍婚姻缔结行为，特别是要对非暴力干预行为进行法治。

二是用专项政策援助弱势族际通婚者。国家层面利用政治导向营造正向的族际通婚舆论氛围，特别是对被家庭、族群打击、孤立及侵犯的族际通婚者在就业、法律、住房、就医等民生方面给予特别援助，确保其不因族际通婚而面临种种困难或是利益受损。

三是促进各民族交往交流交融。2010 年以后，中央明确把促进各民族交往交流交融作为发展社会主义民族关系的正确方向。通过深度交往交流交融，各民族乃至于置身于民族当中的每个个体，都不断追求公共共通的文化价值理念，力求一种在"共在""共生"中保持自身特色的新的生存发展方式的实践诉求。正如汤一介先生认为的：

在不同文化传统中应该可以通过交往和对话，在讨论中取得某种共识，这是一个从"不同"到某种意义上的"同"的过程。这

①　高丙中. 现代化与民族生活方式的变革 [M]. 天津：天津人民出版社，1997：345.

种"同"不是一方消灭一方，也不是一方"同化"另一方，而是在两种不同文化中寻找交汇点，并在此基础上推动双方文化的进展，这正是"和"的作用。①

只要本着"差异共存"的文化普遍主义精神和价值理念，对任何同质化的专制和霸权加以批判，不断地消解和扬弃各种对立、冲突，克服同一性的过分诉求；在平等、公正、宽容、和谐的价值理念的指导下，以差异多元的价值观、宽容共存的精神，在我们人类共同面临的生存与发展等问题上进行深层次的对话，宽容差异、肯认他者、共生共存，必能进一步丰富和提升人的全面发展和社会进步。

---

① 汤一介. 多元文化共处［C］//杨晖，彭国梁，江堤. 千年论坛　思想无疆. 长沙：湖南大学出版社，2002.

第七章 土家族习惯法伦理文化的
俱分进化与现代性塑造

少数民族习惯法涉及社会生活的各个领域各个方面，包括社会组织与头领习惯法，婚姻习惯法，家庭及继承习惯法，丧葬、宗教信仰及社会交往习惯法，生产和分配习惯法，所有权习惯法，债权习惯法，刑事习惯法，调解处理审理习惯法等。这些内容多元、形式多样的习惯法，体现着本民族的伦理精神和道德规范。世居在以武陵山和清江流域为中心的地域的土家族，由于自然地理、生活环境、经济状况、风俗习惯、文化发展、历史传统等不同于其他民族，在长期的生产生活实践中形成了具有民族特色的以习惯法文化为主的法文化。作为族内适用的民间法，它对维护民族整体利益、维持本民族内部秩序、促进民族地区的安定和发展起着重要的作用，同时又具有丰富的生活意蕴和伦理内涵。差异化的民族有不一样的习惯法伦理文化。但任何一个民族的习惯法伦理文化会随着民族状况的变化而变化，会随着时代条件的发展而发展。这一历史变迁究竟是优化还是退化，在哪些方面优化或退化，退化方面如何进行现代性塑造，是需要认真研究的。

一、从传统到现代：土家族习惯法伦理文化历史变迁

民族习惯法具有伦理特性，这种特性不仅表现在与习惯法主体的民

族善恶观念表现出生活化多元性，"还表现在与民族习惯的法律化相联系，体现了丰富的道德生活属性"①，当然，习惯法的规范作用又是相对封闭的。土家族习惯法伦理文化作为民族性、地方性的知识，是土家族人精神理念不可或缺的重要组成内容。从传统到现代，一直处于历史变迁中。

（一）家庭婚姻习惯

在改土归流之前，"自由"是土家族人婚恋习惯中最具典型性的伦理特征，不仅青年男女恋爱自由，缔结婚约也自由；不仅结婚自由，离婚也自由，婚后感情不和者，男女退婚的社会阻力较小。在改土归流之后，统治者把土家族人以往自由退婚的习惯视为妇女"背夫私逃"，于是在婚姻制度上限制了双方婚姻的主事权，尤其是妇女的离婚权利②。受传统儒家学说和中央政府婚姻制度的影响，土家族人的自由婚恋最终为封建包办婚姻所取代，再婚习惯法也被深深地烙上了宗法性色彩的印迹，于是，在土家族传统婚姻形式中，除自由婚之外还存在"骨种婚"和"坐床婚""填房婚"。

《婚姻法》关于三代内血亲不准结婚的规定，与湘西地区实际存在的"骨种婚"不一致：土家族三代以内的姑表血亲可以结婚与婚姻法禁止三代内血亲结婚的规定冲突③。在传统婚姻中，土家族"坐床婚"和"填房婚"习惯法是具有效力的，这种效力典型性就体现在限制妇女的再婚权。这不仅反映出妇女被看成夫家的财产和传续香火的生育工具，更是有力地说明了妇女被族权和夫权压迫以及她们社会地位的低贱。我们审视土家族"坐床婚"和"填房婚"习惯法应该用历史的眼

---

① 唐贤秋. 论民族习惯法的生活伦理特性 [J]. 广西民族研究, 2014 (06)：32 - 38.
② 向美蓉. 湘西土家族婚姻习惯法的当代变迁 [D]. 北京：中央民族大学, 2010.
③ 葛健. 论我国少数民族习惯法与制定法的关系——以湖南省螺狮滩村的法律现状为切入点 [D]. 长春：吉林大学, 2010.

光，这种婚姻习惯用现代文明来加以评价，确实是非常不妥的，但在生产力水平低下的小农经济社会却又有其存在的合理性，即防范族内财产、劳力外流，确保家庭财产关系的稳定①。如今，"骨种婚""坐床婚""填房婚"基本消失，男女双方离婚过程中宗法色彩逐渐减弱，再婚过程中女子也是有选择权的。

就婚姻习惯说来，从择偶经订婚到结婚，从离婚到再婚，都有一套具有一定强制性的行为规范，这套婚姻习惯法是具有伦理性的。订婚是指经过议婚阶段后男女双方（及双方父母）对婚事都持肯定意见而订立婚约。虽说其他民族也有订婚习俗，但在土家族人看来，订婚意味着宣告某女已许配他人，男方不可再追求其他女性，女方不可再许给其他男性，双方都必须信守婚约。信守婚约既是土家族婚姻取得社会承认的一种方式，也是土家族人在婚姻方面践信守诺的一种表现②。不过土家族人在订婚时是需要过彩礼的，这与我国现行《婚姻法》"禁止借婚姻索取财物"的条款是不相符的。现行《婚姻法》关于婚约的态度是不提倡、不禁止、不保护，并没有相关婚约法律规定。这说明订婚并过礼与《婚姻法》存在冲突③。在土家族婚俗观念里，"明媒正娶"是必不可少的程序。如果双方仅仅在民政局登记获得结婚证而没有媒人，不"去礼行"，不摆宴席，在多数人特别是老人看来，是"不守规矩"的行为，或者是心里认为这是一件"有说法"的婚姻。《婚姻法》规定双方合意、自由结婚，不受其他人干涉与约束，在现实中往往更多的是"父母之命，媒妁之言"，以及得到周围人的认可④。对比传统婚姻习

---

① 向美蓉. 湘西土家族婚姻习惯法的当代变迁［D］. 北京：中央民族大学，2010.
② 向美蓉. 湘西土家族婚姻习惯法的当代变迁［D］. 北京：中央民族大学，2010.
③ 郭磊. 习惯法与国家法的互动研究——以长阳贺家坪土家族习惯法为例［D］. 恩施：湖北民族学院，2011.
④ 葛健. 论我国少数民族习惯法与制定法的关系——以湖南省螺狮滩村的法律现状为切入点［D］. 长春：吉林大学，2010.

惯，在现代社会中，"父母之命，媒妁之言"已经从实质意义退化到仅具形式意义，结婚步骤减少、婚礼仪式简化，下堂仍为母，离婚更自由，财产分割更平等，族规、家训的惩罚功能消失，过继入赘由强制到自决，异姓继嗣由禁止到允许，改姓更名权利更自主①。总之，土家族由婚姻自由到"父母之命，媒妁之言"再到婚姻自决，从同姓不通婚到以"出五服"（即五代之外）为条件的"联姻不嫌同姓"，"骨种婚"的从兴盛到绝迹，从"坐床婚""填房婚"到离婚自由、允许妇女再婚，都体现土家族婚姻习惯法伦理文化的现代变迁。

另外，在土家族传统习惯里，早婚是受到认可的，这种风俗直到现在仍比较浓厚，婚姻法规定男 22 岁、女 20 岁为最低婚龄，但是在实践中有一些男女在未成年均已经结婚，甚至存在与不满 14 周岁的女子结婚，等达到法定婚龄后再补办结婚证的情况；我国刑法把与不满 14 周岁的女子发生性关系的行为规定为犯罪，而早婚习俗以及民族的婚姻制度一起构成的民族传统文化并不被认为具有社会危害性而加以谴责，更不用说惩罚②。土家族人的早婚习惯虽说现在还存在着，但结婚低龄化的具体情形并不是很离谱，在城市，结婚男女双方基本上达到法定婚龄，在农村，有部分青年男女在 18 岁左右便结婚了；对于低龄非婚同居状况，在评价上是不应该带有民族色彩的。

（二）禁忌

任何一个民族都有自己的禁忌，且涉及性、生育、生产、生活、图腾等方方面面。它作为一种具有一定效力的社会规范，调节了各种关系。土家族是一个禁忌种类较多的民族，有饮食禁忌、图腾禁忌、火塘

---

① 罗华，卢明威．土家族婚姻家庭习惯法的现代变迁及其价值［J］．铜仁学院学报，2011（02）：109－114.

② 葛健．论我国少数民族习惯法与制定法的关系——以湖南省螺狮滩村的法律现状为切入点［D］．长春：吉林大学，2010.

禁忌、两性禁忌、门槛禁忌、生育禁忌、主客禁忌、交际禁忌、旅行禁忌、摸头禁忌等。这些禁忌调节土家族社会各类关系，影响土家族人的物质生活与精神生活。例如，土家族有同姓同宗不婚的婚姻禁忌，但《婚姻法》只规定了直系血亲和三代以内的旁系血亲禁止结婚，对于三代以外的同姓，法律并没有强制性地禁止通婚；《婚姻法》第二章第七条中，禁止结婚的范围限制在直系血亲和三代以内的旁系血亲及患有医学上认为不应当结婚的疾病的，但在土家族传统的婚姻习惯法中，如果两个人的八字不合，是不能结婚的，至少双方的家长是有顾虑的。① 在传统土家族观念里，姑表亲很容易被接受，甚至姑表血亲联姻一度是被大力倡导的，但是叔伯亲，甚至出了"五服"的很淡的叔伯亲，却不为人们所接受②。

（三）丧葬习惯

土家族丧事的举办并没有节俭下来，反而是花费巨大，不仅要给前来送人情的客人大摆宴席，还要请"家业"跳丧，甚至丧葬仪式举办得是否隆重，是评判儿女是否尽孝道的标准之一。如果某家儿女给老人简简单单地举办了丧事，会被当地人笑话为不孝。这与《殡葬管理条例》倡导的"积极地、有步骤地实行火葬，改革土葬，节约殡葬用地，革除丧葬陋俗，提倡文明节俭办丧事"的殡葬管理方针相冲突。土家族墓地选址在自家的耕地里，要背靠高山，面向开阔的地方，这与《殡葬管理条例》的第二章第十条"禁止在耕地、林地建造坟墓"，第三章第十五条"在允许土葬的地区，禁止在公墓和农村的公益性墓地以外的其他任何地方埋葬遗体、建造坟墓"的规定相冲突。此外，做

---

① 郭磊. 习惯法与国家法的互动研究——以长阳贺家坪土家族习惯法为例［D］. 恩施：湖北民族学院，2011.

② 葛健. 论我国少数民族习惯法与制定法的关系——以湖南省螺狮滩村的法律现状为切入点［D］. 长春：吉林大学，2010.

坟时要用"高清吊子"，下肆时要用纸钱等，这与《殡葬管理条例》第四章第十七条"禁止制造、销售封建迷信的丧葬用品"的规定相冲突。①

（四）环境习惯

土家族世居在武陵地区，受自然生境影响，他们在处理人与自然关系的生产生活实践中养成一些习惯，形成一些惯例，有一些较为固定的做法。例如，吊脚楼依山而建、临河而建，房前屋后喜种树木，忌食蛇蛙，禁伐古树，封山育林，烧畲等。这些习惯法中所蕴含的道德观念，影响着世代土家族人的行为。在这些环境习惯中，绝大多数都是有利于环境保护和实现生态平衡的，特别强调民众在处理人与自然关系时应以公共利益为重，适当抑制了个人利益和个体需要，突出了民众的责任义务倾向性②。当然，在生产力水平低下时，为了生存，迫于生计，作为民族的生产方式之一的原始农耕方式"烧畲"，为土家族的传统文化所包容，土家族人认为这是天经地义的事情，甚至将其作为评判族人勤劳程度的标志，更不会把此种行为视为犯罪。而毁林开荒而发生的砍伐森林行为，触犯刑法规定的盗伐林木、滥伐林木罪而成为刑法所调整的犯罪。这就是土家族人习惯观念与刑法条文的冲突。③

从以上所梳理的家庭婚姻习惯、禁忌、丧葬习惯、环境习惯，可以窥一斑而见全豹，即土家族习惯法伦理文化既有积极的、向上向善的一面，又有原始性和具迷信色彩的一面，既有与国家制定法在价值取向上相一致且互补的一面，也存在同国家制定法相冲突、相矛盾的一面。

---

① 郭磊. 习惯法与国家法的互动研究——以长阳贺家坪土家族习惯法为例 [D]. 恩施：湖北民族学院，2011.
② 李迎春. 湘西少数民族环境习惯法研究 [D]. 长沙：中南林业科技大学，2012.
③ 葛健. 论我国少数民族习惯法与制定法的关系——以湖南省螺狮滩村的法律现状为切入点 [D]. 长春：吉林大学，2010.

二、在优化与退化之间：土家族习惯法伦理文化的当下形态

通过观测"婚俗习惯""物权习惯""继承习惯""理赔习惯""分配习惯"等而考量习惯法内容的增减、习惯法效力的强弱、习惯法与国家法是否冲突，进而考察被调查对象的习惯法伦理观，从而全面研究当下土家族民众的习惯法伦理文化。经田野调查，课题组发现：

第一，习惯法内容在减少。与改革开放之前相比，特别是与新中国成立之前相比，土家族习惯法相关内容已呈现出减少态势，一些具体的规范消失了。例如农业方面的火耕水耨，随着农业生产技术的发达，特别是国家实施退耕还林、退牧还草政策后，长期积累的火耕水耨习惯法就不再适用了。国家对土地使用权进行确认之后，"插草标即为归我"的习惯已成为历史，为一捆柴火、一把野草等"插草标"的行为非常鲜见。随着婚姻的制度化、法律化，"骨种婚""坐床婚""填房婚"基本上消失。请梯玛或寨老调解各种纠纷的行为在减少，特别是刑事纠纷多诉诸法律来解决。受社会风气的影响，也基于社会交往的需要，一些土家族青年不再把遵守禁止性规范——如禁摸男性头、女性腰，成年男女忌讳同坐一张凳椅——视为应该践行的义务。禁忌的失效，在某种程度上可以说是此类习惯法的消失。

第二，部分习惯法的效力在降低。一个民族的习惯法最能体现其传统文化的民族性，特别是伦理规范化特征使之在该民族社会之中得以长久运行。但调查发现，相当一部分习惯法的规范效力在降低。例如婚姻习惯法中曾经存在的"同姓不婚"原则，传统土家族习惯法规定相同姓氏人家不能通婚，所谓"同姓不开亲"，甚至是"联宗不开亲"。但现在，"同姓不婚"原则并没有严格地实行，田野调查发现，相同姓氏人家通婚的情况已有增多的趋势，从调查数据来看，土家族民众对"除近亲之外的同姓结婚"是持比较肯定态度的。再如"过继不为儿"，

首先表明这是一种蕴含传统宗族观念的收养行为，是从宗族中收养继承人以保证血统，主要是父系宗族收养，也有少数是从母系宗族收养的。其次是表明收养之后与亲生父母关系的中断，与养父母形成亲子关系。这样的习惯法规则不仅保证了血统的正宗，更是调整了赡养关系。《中华人民共和国收养法》和《中华人民共和国继承法》的实施，使"过继不为儿"的传统规范受到挑战，即便是过继，不仅需要赡养继父母，也需要赡养亲生父母。

第三，部分习惯法制裁性在弱化。某种习惯能具有法的规范效应并能成为一种社会治理工具，说明其是具有可制裁性的。在先民社会，在国家权力缺场的社会，在自组织社会系统，习惯法的制裁性是非常强烈的，违反了民族习惯，就会受到严厉制裁或者说是惩罚。但随着国家权力的不断介入、国家法治意识的有效渗透、国家法律制度的强力推行，原本一直起到法规范作用的民族习惯的制裁性就出现了衰减趋势。例如，土家族传统的家产继承规则是"长子东、次子西"，这就是说长子是有优先继承地位的，特别是嫡长子，其他子女是没有优先继承权的；如果继承人违反了这一习惯规则，是要受到相应制裁的，于长子包括其家支今后都要放弃种种优先权，于其他子女包括其家支今后都会为宗族所隔离。而现在这一传统继承习惯在《中华人民共和国继承法》的影响下，基本上丧失了原有的制裁性。又如，纠纷的调解和裁判习惯法，在一般性案件中，只要当事双方同意梯玛或寨老的调解和裁判意见就行了；对于偷盗行为，若是偷盗家支内部的，定是加倍赔偿，若是偷盗自家的，定是家人与其断绝关系、开除出家支；对于死伤案件，只要发生在家支内部的，伤残类是从重赔偿的，死亡类行凶者要么抵命，要么没收全部财产（包括土地）来赔价。而现在这种"赔价"制裁手段基本消失，私力裁决度也很低了。

第四，部分习惯法与国家法相冲突。少数民族习惯法是民族内生的规范，相对于国家法而言，具有民族性、自生性和自足性；国家法是官方制定的成文法，表征着国家权力，相对于民族习惯法而言，具有正统性和权威性。在法律运行层面上二者往往产生冲突。例如父债子还，传统习惯法往往是无条件的，即父辈欠多少债务，子辈都得偿还，偿还不起就抵押土地甚至抵押人，这就与《继承法》第三十三条之规定——"继承遗产应当清偿被继承人依法应当缴纳的税款和债务，缴纳税款和清偿债务以他的遗产实际价值为限。超过遗产实际价值部分，继承人自愿偿还的不在此限"相冲突，强制抵押土地与人更是违法。再如土家族人认为伐林开荒是天经地义的事，甚至以此评价人是否勤劳，但这种行为破坏森林资源，是一种犯罪行为。又如伤人性命，土家族以往是通过"赔价"来结案的，这与现行的国家刑法、民法相关要求是不符合。是对于婚姻习惯法，从婚龄、血缘关系、婚姻自由、婚内继承等不同方面或多或少都有些冲突。

三、重建方向与内容：土家族习惯法伦理文化的现代性塑造

通过对土家族习惯法伦理文化的宏观历史考察，以及"婚俗习惯""物权习惯""继承习惯""理赔习惯""分配习惯"等问题的中观研究，我们发现土家族习惯法伦理文化发生变化，既有优化的一面，即随着国家权力的不断介入、国家法治意识的有效渗透、国家法律制度的强力推行，一些不符合现代法治精神的民族习惯得以有效矫正，但又有有待优化的一面，即部分习惯法与国家法相冲突，一些乡规民约还未能真正彰显出正向的规范作用。面对种种退化现象，塑造符合时代需要的习惯法伦理文化，是当代土家族人进行习惯法伦理文化建设的基本任务。

（一）以国家法整合习惯法

法律文化是多元的，"在国家法之外，另外的法律体系与'法'一

起起作用，无论它们是相互和谐还是相互冲突"①。在我国，少数民族习惯法就是与国家法一起起着"法"的作用，甚至对本民族的某些方面的控制和权威远超国家法。如此，国家法与习惯法存在相互冲突的一面，例如前文提及的无条件父债子还、伤人性命的"赔价"、禁近亲结婚与"骨种婚"的冲突、早婚习俗与法定婚龄的冲突等。进而，在全面依法治国的今天，凡规范价值目标不一致的，或者是价值目标虽一致但在犯罪范畴、处置手段和裁判方式的规定上明显不符合社会主义法治精神的，必须进行必要的整合。可以说，调整民族习惯法与国家法相适应，不仅是实现国家法治统一的基本要求，也是民族习惯法适应经济社会发展、弥补效力有限的内生要求。如何以国家法整合民族习惯法呢？具体说来有两点。

一是树立正确的法治思维。在少数民族地区，现代法治观念还没有从根本上内化为民众的价值观念，民众内心认可的仍然是习惯法的相应价值理念，如果要使国家法的治理效力起作用，且不是强制性消除民族习惯法，那么就得使国家法向民族习惯法运动，正如朱苏力先生所说：

> 国家制定法有国家强制力的支持，似乎容易得以有效贯彻；其实，真正能得到有效贯彻执行的法律，恰恰是那些与通行的习惯惯例相一致或相近的规定。②

费孝通先生也曾告诫过：

> 法治秩序的建立不能单靠制定若干法律条文和设立若干法庭，

---

① 千叶正士. 法律多元——从日本法律文化迈向一般理论 [M]. 强世功，等，译. 北京：中国政法大学出版社，1997：2.

② 苏力. 法治及其本土资源 [M]. 北京：中国政法大学出版社，1996：10.

重要的还得看人民怎样去应用这些设备。更进一步讲，在社会结构和思想观念上还得先有一番改革，如果在这些方面不加以改革，单把法律和法庭推行下乡，结果法治秩序的好处未得，而破坏礼治秩序的弊病却已先发生了。①

把扎根于民族群众心中的习惯法通过强制手段来个彻底的消除，这既不是妥善的做法，也不具备现实性。

二是充分发挥乡规民约的作用。国家法内化成为少数民族同胞的价值观念，需要一个既有国家法的踪影、又有习惯法的痕迹的有效载体。这个载体便是集现代与传统于一体、又介于国家法与习惯法之间的乡规民约。把现代法治精神和国家法律规范渗透到乡规民约当中去，少数民族同胞在理解乡规民约中理解国家法规。

（二）为习惯法留足空间

一是对于合理的特别是国家法无法替代的习惯法，应确认其合法性。少数民族习惯法中不排除存在危害国家利益的内容，对于这些，必须依法取缔，但对于合理的习惯法，应确认其合法性，因为"在一个传统和惯例使人们的行为在很大程度上都可以预期的社会中，强制力可降低到最低限度"②。最起码应该是要"从尊重民族文化角度出发暂时予以照顾和认可"③。

二是运用习惯法合理地变通立法、执法和司法上的相关规定。由于文化差异，少数民族基本上形成了具有民族性的法文化。为化解冲突、促进融合，民族自治地区可以依宪制定某些变通规则，使这些变通后的

---

① 费孝通. 乡土中国　生育制度［M］. 北京：北京大学出版社，1998：58.
② 哈耶克. 个人主义与经济秩序［M］. 贾湛，等，译. 北京：北京经济学院出版社，1989：23.
③ 高其才. 中国习惯法论［M］. 长沙：湖南人民出版社，1995：467.

规则同民族习惯具有一致性。当然，那些同国家法存在严重抵触且存在社会危害性的民族习惯不在许可变通范围内。

（三）彰显习惯法的社会主义核心价值观导向

随着少数民族经济社会发展以及国家法的普及，民族习惯法一直处于变迁之中，对于那些尚未丧失存在基础的民族习惯法，必须以社会主义核心价值观引领之，因为"立法必须在原有的民德中寻找立足点。立法为了自强必须与民德相一致"①。少数民族习惯法体现着鲜明价值导向，要坚持以社会主义核心价值观为引领，把社会主义核心价值观的要求体现到少数民族法文化建设之中。对其劝善惩恶、保护环境、慈善救济、调解纠纷等好的部分，必须予以弘扬；对于否定妇女再婚、否定民族通婚、提倡早婚、提倡公房、提倡"赔价"等坏的部分，必须予以废除；而对于既无明显积极作用又没有大的社会危害性，但还在少数民族社会中盛传的民族习惯，要通过宣传教育，让少数民族同胞逐步扬弃。

① 科特威尔. 法律社会学导论 [M]. 潘大松，等，译. 北京：华夏出版社，1989：21.

第八章 土家族婚姻家庭伦理文化的
俱分进化与现代性塑造

　　家庭是构成社会最基本的单位要素，婚姻是缀结家庭的纽带。不同的家庭结构、家庭功能与家庭关系，决定了不同的家庭伦理文化；差异化的家庭伦理文化又能动地反作用于生成自身的家庭结构、家庭功能与家庭关系。差异化的民族有着不一样的伦理文化。土家族世居以武陵山脉和清水江为中心的湘、鄂、渝、黔四省市边区，特定的自然生境和社会生境，营造了个性化的家庭伦理文化或说是个性化的家庭生活准则，用以调节家庭关系，使家庭成员和睦相处，从而形成了具有民族特色的一整套家庭生活的内心信念。任何一个民族的家庭伦理文化都不是恒定不变的。在整个中国的现代化体系中，土家族家庭伦理观念的现代变迁，既体现了现代家庭观念发展的共性，又有着自身域情所限的路径依赖。这一历史变迁究竟是优化还是退化，在哪些方面优化或退化，退化方面如何进行现代性塑造，有着非常重要的剖析价值。

一、从传统到现代：土家族婚姻家庭伦理文化历史变迁

　　家庭伦理文化的变迁是社会变迁的一个缩影，是社会伦理文化缓慢变化的重要表征。遵循土家族人婚姻关系和血缘关系，全面系统地梳理和阐明土家族家庭伦理文化历史变迁，既为人们探究变迁原因奠定基

础，也为家庭建设提供伦理方案指明方向。

婚姻在其现实性上是一种典型的实体性伦理关系，其伦理文化主要集中在择偶观念、婚姻形态、婚姻自由、夫妻关系、两性生活、生育等方面。因婚姻生育而在家庭中又会结成亲子关系以及与亲子关系密切相关的婆媳关系、祖孙关系。其伦理文化主要集中在调适亲子关系、婆媳关系（或岳婿关系）、（外）祖孙关系的重要规范准则与行为当中。当然，通婚包括但不限于本民族，处理族际婚姻关系的规范准则与行为也是家庭伦理文化的重要组成部分。

土家族传统择偶方式是不同于其他民族采取买卖婚姻或"父母之命"等封闭式择偶方式的，而是采用以歌求爱、以歌寄情、以歌为媒的开放式择偶方式。这不仅显现了土家族青年男女恋爱自由，还彰显了土家族女性掌握着婚姻的自主权。但改土归流之后，随着中央朝廷委派到土家族地区的官员强制推行"父母之命，媒妁之言"的婚姻制度，严重冲击了土家族女性的婚姻自主权，致使土家族女性在接受部分汉族封建婚姻制度的基础上，又坚守了部分婚姻自主权[①]。社会主义婚姻制度确立以后，特别是改革开放以后，通过自由恋爱选择配偶又成为土家族地区的主流模式，而且女性主动离婚数量不断增加，离异或丧偶女性的再婚亦被接受，独身现象悄然出现[②]。

土家族人的婚姻形态同样经历了由群婚经对偶婚到专偶婚的演变历程，即经历过"群婚—血缘婚—骨种婚—非血缘婚"几个阶段[③]。但特定文化与生境，形成了独具特色的婚姻形式，十分鲜明地展现出其民族

---

① 尹旦萍．改土归流前后土家族女性婚姻自主权的抗争与调适［J］．武汉大学学报（哲学社会科学版），2012（02）：119 - 123.

② 尹旦萍．社会转型期土家族女性婚姻自主权的变迁——以湖北恩施州宣恩县 J 村为例［J］．北方民族大学学报（哲学社会科学版），2015（01）：77 - 83.

③ 彭林绪．土家族婚姻习俗的嬗变［J］．湖北民族学院学报（哲学社会科学版），2001（02）：38 - 46.

婚姻伦理文化，这表现为早期的兄妹婚、土司时期同姓为婚的氏族婚、改土归流后以一夫一妻制为主导的婚姻。尽管土家族的婚姻文明在进步，但是，以"泛家族主义"为原则的"亚血亲婚姻"形式——"骨种婚"（姑表结婚、姨表结婚、舅表结婚）、换亲婚在土家族婚姻中还是顽强地存在了较长时间。

土家族青年男女向来是追求恋爱自由、婚姻自主的，因此，婚前性行为的发生并不被视为违背伦理道德的事情。但是，这种为爱而性的行为又往往与性责任紧密地联系在一起，即男女一旦确定为恋爱对象，便丧失了同其他异性谈情说爱的权利和资格，并要受到自家（娘家）和婆家（岳丈家）的严厉管束①。即便是在现当代这个性开放的社会，土家族青少年对性态度还是比较正统与保守的，与汉民族相比较，对未婚性行为表现出更强的排斥态度②。

土家族传统社会一直存在早婚习俗，青年男女一般是 16～17 岁结婚，甚至更早。社会主义婚姻制度确立后，这一现象逐步得到改善，在 20 世纪 90 年代前后，土家族初婚年龄普遍晚于汉族、全国少数民族和全国总人口，早婚率低于全国少数民族和全国总人口③，育龄妇女平均初婚年龄为 22.25 岁④，现在基本上都是达到法定婚龄才结婚。

土家族人一般都是鄙视那种一夫多妻式婚姻的。但在对待婚外性行为方面，不同地区有不同的看法。在湘西土家族社区，婚外恋被看成不道德行为，如果出现婚外恋现象，很可能引发仇杀；而在云南土家族社区，已婚男女分别与新旧情人发生性行为，"只要彼此相瞒，大家就心

---

① 向江. 湘西土家族婚姻伦理观及现代应用研究 [D]. 长沙：中南大学，2010.
② 葛缨，赵耀. 土家族初中生性知识、性态度的现状调查与分析 [J]. 现代预防医学，2012（15）：3876-3878.
③ 段超. 土家族人口的婚姻状况研究 [J]. 湖北民族学院学报（哲学社会科学版），1999（02）：73-77.
④ 燕虹，等. 湖北省土家族育龄妇女婚姻生育状况调查 [J]. 武汉大学学报（医学版），2001（02）：117-119.

照不宣。旁人也不予理睬，家长也熟视无睹"①。

就土家族人的夫妻关系问题来说，传统土家族社会中的夫妻在经济关系方面，存在着相互依赖性和共享性；在人身自由权方面，虽存在男权主义思想，但妇女地位不断提升；在家事代理权方面，虽依然存在男尊女卑的思想，但妇女越来越多地掌握家事代理权；在相互扶养方面，夫妻相互扶养已成为习惯；在遗产继承方面，妻无权继承夫产，而夫可以全部继承妻产；在情感关系方面，亲子关系重于夫妻关系。② 夫妻之间认同"男主外、女主内"这种家庭格局。但在 2000 年前后，土家族夫妻权力却发生变化，即夫妻双方在 2000 年前基本上处于较为平等关系格局中，"在 2000 年以后由于婚姻市场上性别比失衡导致了夫妻权力向女性倾斜"③。

由于土家族的"骨种婚"（姑表结婚、姨表结婚、舅表结婚）和换亲婚还较长时间、顽强地存在着，有数据显示，在 20 世纪 90 年代，土家族近亲婚配率、子女夭折率、下代致残率均有较高比例④。后来在外界力量的干预下，土家族近亲婚配在逐步减少⑤。但我们在做田野调查时却发现土家族婚姻存在"内卷化"现象——移民村寨不同姓氏之间第一代结婚后，第二代、第三代甚至第四代依然以本村寨人为结婚对象，造成血缘关系过密化。

土家族传统生育观，基本表现为多育的观念。在土家族人看来，儿

① 向江. 湘西土家族婚姻伦理观及现代应用研究 [D]. 长沙：中南大学，2010.

② 袁东升. 鄂西南土家族农村夫妻关系现状、原因及对策 [J]. 民族大家庭，2008 (01)：38 – 40.

③ 尹旦萍. 土家族夫妻权力的变化及启示——以埃山村为例 [J]. 妇女研究论丛，2010 (01)：32 – 38.

④ 张仲孝，夏敬压. 鄂西土家族近亲婚配的调查 [J]. 中国公共卫生学报，1993 (02)：116.

⑤ 柏贵喜. 当代土家族婚姻的变迁 [J]. 贵州民族研究，2005 (02)：88 – 94.

女是上天的恩赐，生育得越多越好。1982 年全国人口普查资料①和湖北省第三次人口普查资料②显示，在计划生育政策实施初期，全国及湖北省平均生育≤2 孩的比湖北省土家族民众平均生育≤2 孩的比例大，而湖北省土家族民众平均生育≥5 孩的比全国及湖北省平均生育≥5 孩的比例大。在二孩政策尚未放开之前，土家族农村居民的理想生育子女数为二孩趋向③，紧靠生育政策上限。

土家族人在生儿育女方面是存在性别偏好的，总体上看来，生育的偏爱为男性。李智环、蒙小莺根据全国第四、五次人口普查数据统计并比较分析，得出"从 1990 年到 2000 年，土家族的新生儿的性别比骤升"的结论；且第五次人口普查数据显示，"土家族的第一孩男、女性别比为 112.34，二孩立即上升至 130.94，三孩、四孩均上升到 150 以上"。④ 但是，与汉民族相比较，"重男轻女"现象没有那么强烈，这主要源于土家族人追求儿女双全，因此并不轻视女儿。

土家族传统代际伦理文化集中体现在孝亲观念上。土家族是一个以"良心"为人性本体的民族，经外来文化的濡化，特别是儒学化后，形成了独具民族特色的家族孝亲观念，既以良心为本体，又具儒学之精神，在家族习惯法的规范和调控下，极大地促进了氏族内部的稳定⑤。这种独具民族特色的家族孝亲观念，其核心内涵是"顺"与"思"，是

---

① 国务院人口普查办公室．中国 1982 年人口普查资料［M］．北京：中国统计出版社，1985：482．
② 湖北省人口普查办公室．湖北省第三次人口普查资料汇编［M］．北京：中国统计出版社，1984：516－525．
③ 刘伦文，彭红艳．土家族地区农村居民生育意愿研究——对恩施自治州 376 位农村居民的调查分析［J］．湖北民族学院学报（哲学社会科学版），2010（01）：9－12，61．
④ 李智环，蒙小莺．土家族生育状况、原因及对策分析［J］．湖南文理学院学报（社会科学版），2007（02）：34－36．
⑤ 李伟．土家族村落家族文化的伦理精神述论［J］．贵州社会科学，2008（05）：60－63．

生命意识在代际关系上的强烈体现①。"顺"是对长辈在世时的伦理表达，"思"是对长辈逝世后的伦理表达。较之于其他民族，从对象上讲具有广泛性，即不仅要"顺"或"思"父母，还要"顺"或"思"父系或母系所有族亲长辈；从内容上来讲具有多重性，即包含了养、敬、顺、悌、信、义等；在价值评判上具有神判性，即往往与神意紧密相连②。如今，随着土家族人的家庭结构变革，由联合家庭向主干家庭再向核心家庭转变，这一转变的直接结果，如朱贻庭教授所讲：

> 就是家庭中心由父子关系向夫妻关系的偏移，面临生育制度的政策性规范使独生子女逐渐普遍化（作者注：土家族家庭呈少孩现象），又造成了家庭重心的下移。这一结构性的变革，必然造成原来那种纵向伦理关系的移位，出现了"代际"关系的危机——亲子关系的疏远和"孝亲"观念的淡化。③

特别是表现出尊老不足，爱幼有余。

从土家族人婚姻形态发展的历史来看，土家族人是比较注重族内婚姻和血缘婚姻的，"在改土归流前，土家多与土家结婚，和汉人及其他族通婚的很少"④。即使是在改土归流后，虽然土家族与其他民族的族际交往明显多于改土归流前，族际通婚情况也不是特别多。21 世纪之初，土家族与汉族的通婚率为 4.78%，与苗族的通婚率为 18.61%。到

---

① 向阳. 试论土家族传统孝亲思想的内涵及本质 [J]. 民族论坛，2007（12）：20 - 21.

② 向江. 湘西土家族孝亲伦理观初探 [J]. 大众文艺（理论），2009（06）：192 - 193.

③ 朱贻庭. 现代家庭伦理与传统亲子、夫妻伦理的现代价值 [J]. 华东师范大学学报（哲学社会科学版），1998（02）：20 - 24，32.

④ 汪明瑀. 湘西土家概况 [C] //中央民族学院研究部. 中国民族问题研究集刊第四辑. 北京：中央民族学院研究部（内部刊物），1955：187.

2010 年代，土家族族际通婚率明显提升①。虽然不像马戎教授所认为的土家族"对族际通婚不加限制""与外族通婚普遍"②，却反映出土家族由族内婚姻向族际婚姻变迁。

二、在优化与退化之间：土家族婚姻家庭伦理文化的当下形态

通过对"父母与子女""丈夫与妻子""公婆与子媳""兄弟与妯娌""婚内性与婚外性"等关系的考量，考察被调查对象的婚姻家庭伦理观，从而全面研究当下土家族民众的婚姻家庭伦理文化。经田野调查，课题组发现：

第一，就父母与子女关系来说，土家族民众虽然心理上认可人格平等，但行为上却表现出尊老不足爱幼有余。传统的亲子关系大体上是一种反馈式关系，即父母抚育子女、子女善事父母，用公式表示就是 $G1 \rightleftarrows G2 \rightleftarrows G3 \rightleftarrows \cdots \rightleftarrows Gn$（其中 G 表示世代，→表示抚育，←表示善事）。这在土家族社会，特别是在农村地区没有发生根本性变化。但并不是说反馈式亲子关系在土家族社会就是唯一的模式，而是产生了接力式亲子关系，即父母抚育子女、子女却不善事父母，用公式表示就是 $G1 \rightarrow G2 \rightarrow G3 \rightarrow \cdots \cdots \rightarrow Gn$。这里所说的"不善事父母"，不能简单地仅仅理解为经济上的不赡养，还包括不予以精神慰藉与生活料理。从调查

---

① 陈心林对泸溪县潭溪镇土家族的族际通婚情况进行了实证研究，发现潭溪镇土家族与汉族的通婚率为 22.4%，与苗族的通婚率为 53.7%。参见陈心林. 族际通婚与族群关系——潭溪土家族的实证研究［J］. 贵州民族研究，2011，32（01）：23－27. 李然对凤凰县吉信镇、古丈县双溪乡等湘西土家族、苗族杂居的社区进行了实地调查，调查发现吉信镇土家族与汉族的通婚率为 13.85%，与苗族的通婚率为 10.65%，与回族的通婚率为 0.8%，双溪乡土家族、苗族通婚 113 对。参见李然. 当代湘西土家族苗族族际通婚与文化互动［J］. 贵州民族学院学报（哲学社会科学版），2011（03）：63－67.

② 马戎. 中国各民族之间的族际通婚［C］//马戎，周星. 中华民族凝聚力形成与发展. 北京：北京大学出版社，1999：172.

情况来看，经济上的赡养基本上不成问题，或是老人有一定的退休金，或是子女能给予生活费用，但在生活服侍和精神安慰方面，老人们愿意同子女生活在一起，认为只有饮食起居得到子女们的照顾才是真正的幸福，而青年一辈在精神慰藉与生活料理方面的态度与思想认识却有明显的差异性，所以善事父母的空间有了间距，有的子女在老人周边居住老人却独居生活，有的子女按月、按季轮流赡养，有的老人成为留守老人，有的老人同子女生活在一起。而父母抚育子女的态度与思想认识却是一以贯之的。

第二，就丈夫与妻子关系来说，在传统夫妻权力关系上，多是丈夫掌握主事权，即便是家庭劳动分工，"男主外、女主内"的文化模式长期主导着性别分工。这种性别分工模式仍然在土家族社会占据主导地位。但是，不管这种性别分工模式多么深入人心，总会有部分人在特殊的情境下做出"离经叛道"的选择，特别是务工经济给家庭带来实惠的情况下，"内外之别"变得日渐模糊，外出务工即为"外"，留守家庭即为"内"。当家庭劳动的性别分工日渐模糊，谁拥有较多资源（即谁有本事），谁掌握家庭实权的状况越来越多，换言之，夫妻权力的主动性在于资源的优势而不在于男性意志。这样一来，女性对婚姻的依赖性会极大地减弱，"夫妇有爱"胜过习俗的伦理安排。而从田野调查来看，土家族社会仍存在着男权主义思想，女性也在夫妻权力的博弈中不断提升自己的地位，但是妇女仍趋向于正统、保守的婚姻伦理文化。

第三，就公婆与子媳关系来说，在传统社会中，妇女除了相夫教子外，还要受公婆支配，且把侍奉公婆作为衡量媳妇是否遵守孝道的基本准则。从田野调查来看，土家族人普遍认识到婆媳关系对家庭和谐发展的作用。婆媳关系由过去绝对的婆强媳弱，发展到今日的婆媳相对平和。但代沟的存在、观念的差异不再是导致婆媳冲突的主要原因，养老资源的争夺，甚至促使婆媳关系由过去绝对的婆强媳弱，发展到有些家庭是绝对的媳强婆弱。父母抚育子女天经地义，不打折扣，所有的精力和财产都用于教养子女，年老后需要子女赡养时，可媳妇却不那么情愿，强势的媳妇更愿意把精力和财产都用于教养自己的子女，以获取自己的晚年保障，尽管历史可能也给她一个类似自己婆婆的晚年生活。可能基于这样的认识，妇女们对"婆媳、妯娌之间应该相互尊重"的认知度很高，可践行度较低。

第四，就生育问题来说，传统社会一直存在"不孝有三，无后为大"的观点。从田野调查来看，土家族民众仍然存在着"多子多福"观念。尽管过去几十年间国家实行计划生育政策，特别是子女生育独生化异常突出的情况下，相当多的土家族家庭依然生两孩。但重男轻女现象没有以往那么突出，会保证女孩接受义务教育，也会在家产分割时，保证女孩也有继承权。

第五，就兄弟与妯娌关系来说，较充分地认识到兄弟关系、妯娌关系对家庭和谐发展的作用。在传统社会中，"兄友弟恭""妯友娌恭"同"父慈子孝""夫义妇顺"一样，不具双向互动性，是单向度的，兄与嫂可以不"友"，但弟与弟媳妇却不能不"恭"。从田野调查来看，土家族家庭淡化了长幼次序的差异，增强了平等的特质；淡化了兄嫂的管理作风，增强了民主意识；淡化了兄嫂的责任，增强了互助友情。

三、重建方向与内容：土家族婚姻家庭伦理文化的现代性塑造

习近平总书记说：

　　家庭和睦则社会安定，家庭幸福则社会祥和，家庭文明则社会文明……我们要重视家庭文明建设，努力使千千万万个家庭成为国家发展、民族进步、社会和谐的重要基点，成为人们梦想启航的地方。要动员社会各界广泛参与家庭文明建设，推动形成爱国爱家、

相亲相爱、向上向善、共建共享的社会主义家庭文明新风尚。①

面对种种有待优化现象，塑造符合时代需要的家族伦理文化，是当代土家族人建设文明家庭的基本任务。

（一）以血缘亲情为伦理起点

弗里德里希·恩格斯指出：

> 历史中的决定性因素，归根结蒂是直接生活的生产和再生产。但是，生产本身又有两种。一方面是生活资料即食物、衣服、住所以及为此所必需的工具的生产；另一方面是人类自身的生产，即种的繁衍。②

因种的繁衍而形成了血亲和姻亲。中国传统伦理文化非常重视血缘亲情，但这种重视不是生活经验的总结，而是建基于人性之上的。换言之，血缘亲情不是一般意义上的情感问题，而是深植于心的人性问题。正如孔子所言："孝悌也者，其为仁之本与！"（《论语·学而》）当前家庭关系中的亲子关系、夫妻关系、婆媳关系、兄弟关系、妯娌关系、姑嫂关系、连襟关系、代际关系等都存在着诸多问题，其中最为致命的是利益正在不断地吞噬家庭应有的抚养赡养、情感交流等功能，为他、利他的家庭伦理观念趋于淡化，本该温情脉脉的家庭反倒凶神恶煞。充分血缘亲情的功能是解决家庭伦理问题基本理路。陈瑛教授曾言：

> 传统家庭伦理揭示了人类一般应有的血缘亲情和家庭中的道德

① 习近平. 动员社会各界广泛参与家庭文明建设 推动形成社会主义家庭文明新风尚 [N]. 人民日报, 2016 - 12 - 13 (01).
② 恩格斯. 家庭、私有制和国家的起源 [M]. 北京：人民出版社, 1972：3.

关系，提供了一些最基本的家庭道德观念。这些不仅适应传统社会的经济状况，对于稳定当时的社会秩序，推动社会的发展进步发挥了极其重要的作用，而且对于我们今天认识和把握家庭伦理关系，建立新的家庭伦理关系和道德秩序也提供出一个相当重要的参考坐标。只要社会上还存在着家庭，家庭中的道德关系永远是重要的，维护血缘亲情和家庭关系的伦理观念永远不会过时。①

土家族向来是重视血亲与姻亲的。虽说在经济生活方面小家庭已经具有独立性，但在精神生活和社会生活方面仍对家族有较强的依赖性，特别是生产条件、经济条件较弱的家庭更是如此。因此，在土家族社会中，血亲系统和姻亲系统，特别是直系血亲系统，对于任何一个个体来说，都是自己的出发点和归宿。所以族内互助和强化姻亲是土家族一大特色。如今，土家族社区依然需要族内互助和强化姻亲，特别是在国家的农村养老、医疗保险等政策不能实现全覆盖的情况下，即便有朝一日能实现全覆盖，政策也不可能替代亲情，因此，以血缘亲情为伦理起点，充分发挥家庭应有的功能，承担本应该承担的责任。

（二）以整体观念为伦理核心

在传统社会中，包括现今仍处在"传统"的地区，家庭是维持一个人生存与发展的根本依托，脱离家庭或丧失家庭就意味着失去了生存与发展的根基，因此，家庭至上往往是传统家庭伦理文化的核心要义。但是，这种"家庭本位观"把人给遮蔽了，家在人上，人丧失了独立自主性，谈婚论嫁时没有婚姻自主权，家产分割时没有财产处置权……任何事情都必须无条件地服从家长意志。而在现代社会，尽管家庭仍然是社会的基本单位，家庭关系仍然是个体置身社会中最为基本的关系，

---

① 陈瑛. 怎样看待儒家家庭伦理在当今的作用［J］. 高校理论战线, 2002（09）：
44－46.

但是，独立自由、人格平等却是新常态。因此，面对社会的转型，新型的家庭伦理文化必须扬弃"家庭本位观"，以人格平等、尊重独立自由为前提，同无条件地服从家长意志来个彻底的决裂，即形成一种以"家庭整体观"为核心的家庭伦理文化。具体言之，在代际伦理上，尊老同时爱幼；在亲子伦理上，父（母）慈同时子（女）孝；在同辈伦理上，兄（姒）友同时弟（娌）恭；在婚姻伦理上，夫义同时妻顺……一切从家庭整体利益出发。

（三）以双向责任为伦理机制

以"家庭整体观"为核心的家庭伦理文化，必定是建基于责任、义务的双向运动。在传统家庭伦理文化中，特别强调父为子纲、夫为妻纲，进而特别强调子孝、妇顺，这就使得本应该双向的责任、义务变成了单向度的命令与服从。当以"家庭整体观"为核心的家庭伦理文化取代了以"家庭本位观"为核心的家庭伦理文化，所有的家庭事务都从整体利益出发，那么，家庭成员间除了要强调血缘亲情外，还要强调彼此间的爱心，更要强调彼此间的责任和义务，即尊老同时爱幼，父（母）慈同时子（女）孝，兄（姒）友同时弟（娌）恭，夫义同时妻顺……通过责任、义务的双向运动，在代际伦理上就可以避免尊老不足爱幼有余，在亲子伦理上就可以避免父不慈或者子不孝，在同辈伦理上就可以避免兄（姒）不友或者弟（娌）不恭，在婚姻伦理上就可以避免夫不义或者妻不顺，因为责任即为义务。

（四）以制度规约为伦理保障

治理家庭伦理道德突出问题，必须依靠制度来规约，即促进家庭伦理制度化。换句话说，就是要把家庭伦理的基本要求融入有关婚姻家庭继承的系列法律法规条例规章中，形成科学有效的诉求表达机制、利益协调机制、矛盾调处机制、权益保障机制，最大限度增进家庭和谐。在我国现行的婚姻家庭继承的系列法律法规条例规章中，都有保护个人合法权益的相应条款，但是在这些法律法规条例规章中却缺失维护家庭伦理实体地位的相应条款，因此，在调节处理家庭矛盾、协调成员利益时，能有效维护个体的合法权益，然而却忽略家庭这个伦理实体的合法权益，这不仅不符合"家庭整体观"，反而使这些法律法规条例规章丧失了公共性。例如，婚姻法规、社会治安法规对婚外性行为的尺度过宽，不利于家庭伦理实体的合法权益得到有效维护。又如，老年人、妇女儿童权益保障相关法规对虐待、遗弃老人、妇女与儿童行为的尺度也是过宽的，缺乏有效的法律制裁手段，同样不利于家庭伦理实体的合法权益得到有效维护。作为国家法规有效补充的族规家法和训诫，也体现了家庭伦理要求，是践行家庭伦理要求的又一制度保障。制定符合社会主义核心价值观的族规家法或训诫，既是培育和践行社会主义核心价值观的有效路径，又是维护家庭伦理实体合法权益的有效保障。

第九章 土家族生态伦理文化的
俱分进化与现代性塑造

　　土家族世居在由第一级阶梯向第二级阶梯过渡的武陵山地区，境内有乌江、清江、澧水、沅江、资水等大小河流，水绕着山，山依着水，区内森林覆盖率高，生物物种多样。正是在这样的自然生境中，土家族人形成了对自然生态系统的本质反应。这种本质反应体现在人与自然环境之间的道德关系中，便形成了土家族生态伦理文化。但文化并不是一成不变的东西，不仅具有生成元，还具有生成性[①]，即文化会随着人们对事物认识的深化以及实践活动的深入而改变。生态伦理文化亦是如此，或是因为"内部的新旧伦理文化因素在矛盾运动中不断分化与整合，从旧平衡转化为新平衡"，或是因为"对外来的伦理文化进行吸纳、融合而达到新的统一"，或是因为"两种情况交织在一起"。这一历史变迁究竟是优化还是退化，在哪些方面优化或退化，退化方面如何进行现代性塑造，都是有待探讨的。

---

① 周忠华，易小明．原初态与生成性：对文化差异的考察 [J]．大理学院学报，2008 (09)：8-11.

一、从传统到现代：土家族生态伦理文化历史变迁

从现有的文献来看，土家族人最早对人与自然环境之间道德关系的把握，反映在神话传说中。虽说神话传说并不是对土家族先民把握自然界原初历史的真实记载，却集中反映了土家族先民对自然界或生态环境的伦理认知：人物同源。例如，《虎儿娃》反映了"人虎同源"的思想，《水杉树的传说》反映了"人树同源"的思想，《依罗娘娘造人》反映了"人与植物同源"的思想。正是基于人物同源的观念，所以土家族先民强调维持生态平衡，这种平衡不是今天意义上所讲的生产者、消费者、分解者和非生物环境之间高度适应、协调和统一的状态，而是土家族人在集体意识中表现出的与自然（物）或是宇宙之间的亲和关系，即人与自然（物）或是宇宙构成了一个相互联系的整体，彼此之间是一种平等共生、互助互利的关系。这种亲和关系，不是单向度的亲和，而是双向包容。易言之，人是自然（物）或是宇宙之子，同时自然（物）或是宇宙也是人类不可或缺的组成部分。这就充分说明，土家族人在远古时期，既认可并尊重自然的内在价值，又突出人的特殊价值和主体性地位，把自然的内在价值与人的主体地位有机统一起来了。

生活在蒙昧时代的土家族先民，无法对置身其中的世界中众多的自然现象和社会现象做出科学而又合理的解释，于是，根据他们的原始思维将种种自然力量与社会力量进行神化，进而形成了本民族的宗教信仰体系。从自然宗教到人为宗教，生态意识都深植其中，并潜移默化地影响着族人的生态伦理观念、环境保护意识与行为。就自然宗教而言，土家族人相信本民族与一种或几种动植物、天生物存在血缘关系，于是对它们产生崇拜，不但禁杀禁食所崇拜的动植物，或是禁止破坏所崇拜的天生物，还明确所有族人都有保护崇拜物的义务，特别是在农业生产领

域中形成了一套较为严密的神灵信仰体系①。通过祭祀自然神灵，土家族人充分意识到过度攫取自然万物，定会遭受自然神灵惩罚。就人为宗教而言，不论是"梯玛"还是"文教"，皆有严禁杀生、见杀不吃的戒律。虽说此时土家族人的生态伦理观念较为落后，但在客观上使得善待自然的观念深入人心，如此，土家族地区早期生态状况是十分良好的。对于这一点，可以从古代巴人栖居地考古的生态资料中得到佐证②，并在各地方志中有记载。例如，《永顺县志》记载土家族人"喜渔猎，不事商贾"③；《施南府志》记载"施州，山深地僻，层峦茂林"④；鹤峰县《向氏族谱》亦记载有"山岭有熊、豕、鹿、豺、豹、虎，野兽成群结队，其小物有苦竹鸡、白雉鸡、毛野鸡、皇鲜鸡、上缩鸡、土香鸡，真有取之不尽，用之不竭之慨"⑤。

敬畏自然，并不意味着人的主体性就此不再张扬。相反，为了生产物质生活本身以满足人自身的生存发展需要，人总在不断地改进作用自然的实践方式。但是，"人们自己创造自己的历史，但是他们并不是随心所欲地创造，并不是在他们选定的条件下创造，而是在直接碰到的、既定的、从过去继承下来的条件下创造"⑥。土家族人利用自身所处的生境，特别是自然生境，模塑出了自己在农业社会主要的生计方式——刀耕火种和牛耕种植。当刀耕火种和犁耕成为加工改造自然的主攻方向之后，如何以刀耕火种和牛耕种植去加工改造自然，便是土家族人对生

---

① 王友富，胡兰. 土家族农业信仰民俗神灵体系考［J］. 农业考古，2014（06）：306－311.

② 赵冬菊. 古代巴人生态环境略考［J］. 长江论坛，2006（06）：82－88，93.

③ 中国地方志集成编委. 中国地方志集成·湖南府县志辑成3（第68册）［M］. 南京：江苏古籍出版社，2002：131.

④ 本书编委会.（同治）施南府志：卷之六 建置志［M］//中国方志丛书·华中地方. 台北：成文出版社，1976：428.

⑤ 《湖北鹤峰县山羊隘·向氏族谱》，抄于湖北省恩施州鹤峰县档案馆.

⑥ 马克思，恩格斯. 马克思恩格斯选集：第一卷［M］. 北京：人民出版社，1995：585.

态环境的应对过程。

土家族在农业社会使用刀耕火种是不绝史载的，《史记·货殖列传》记载："楚越之地，地广人稀，饭稻羹鱼，或火耕而水耨。"① 《汉书·地理志》亦记载："楚有江汉川泽山林之饶；江南地广，或火耕水耨。"② 嘉靖《思南府志》记载："处山著者，荃林火之，因布种，谓之刀耕火种。"③ 同治《永顺府志》记载："二三月间，落草伐木，纵火焚之，冒雨锄草播种，熟时摘穗而归。"④ 甚至在新中国成立以后，仍有不少的农村继续这种粗放的耕作方式。它的特征之一就是"砍倒烧光植被"，所以在一定意义上讲，这是在破坏生态环境，是在生计方式极端落后的条件下，为了生存而破坏生态环境。但土家族人采取了轮歇制度——根据土壤肥沃程度和坡地陡峭斜度的不同，采取无轮作刀耕火种、短期轮作刀耕火种、长期轮作刀耕火种等不同的耕作方式，进行生态补偿，以调适到生态平衡的程度。

在牛耕农业发展过程中，常常会造成过度垦殖、单一作物，进而造成农田周边植被减少和水土流失等问题。土家族人在实践中摸索出一套与牛耕种植相适应的生态调适机制——砌坎垒坡，开辟梯田和兴修水利，特别是预留 1～3 米的水平浅草带，不仅可以有效防止水土流失，还形成免受火灾威胁的防火带；不仅可以成为放养畜禽的小型牧场，还可以成为多样化的生态景观。这套生态调适机制，使得他们能够与其赖以生存的生态环境之间生发出一种共生互惠关系，不仅能促进生态系统的良性循环，也能保证自身生产生活得以可持续发展，是将生态伦理认知与生产实践结合为一体的体现。

---

① 马司迁. 史记·卷一二一九·货殖列传［M］. 中华书局，1982：3270.
② 班固. 汉书·卷二八下·地理志［M］. 中华书局，1962：1666.
③ 曾国荃.（光绪）湖南通志：卷四十 地理·苗俗［M］. 清光绪十一年刻本.
④ 中国地方志集成编委. 中国地方志集成·湖南府县志辑成3（第68册）［M］. 南京：江苏古籍出版社，2002：352.

此外，土家族的吊脚楼，依山而建，矗立林中，天平地不平，占天不占地。不论是选址、取材，还是居住环境，都体现了依靠自然、尊重自然、利用自然、与自然和谐共生、互利共处的生态观念。

当然，生计方式对自然环境进行加工改造过程中所形成的技术和知识，若要继续发挥其应有的作用，那就必须成为民族文化的一个有机组成部分，否则难以与时俱进。站在时代的立场上审视，虽说土家族传统生计方式中的技术和知识在生态保护上不是俱全的，但这些知识与技术还是可以弥补在生态环境保护过程中其他手段的不足①。

改土归流之后，清政府废除了前朝所实行的"蛮不出境，汉不入峒"之禁令，为汉民族迁徙移民到土家族地区创造了条件，特别是一系列垦荒政策②的推行，不但提高了开垦积极性，而且促进了自由移民，致使向土家族聚居区迁徙移民成运动式展开。例如，永顺府"改土后，客民四至"③，在1760年时的人口约43.6万，而到1820年时却增长到71.6万，年均人口增长率高达6.3‰④。施南府在1736年时人口约11.7万，而到1820年时却增加到91.9万，年均人口增长率高达5.4‰⑤。同治《桑植县志》记载："由慈利拨归者曰民籍，旧土司治者曰土籍，旧卫所辖者曰军籍，苗曰苗籍，自外县迁移来者曰客籍。籍有五，民数则土四之，客六之。"⑥ 大量的迁徙移民，优惠的垦荒政策，

---

① 梁正海，柏贵喜. 村落传统生态知识的多样性表达及其特点与利用——湘西土家族村落"苏竹"个案研究 [J]. 吉首大学学报（社会科学版），2009（03）：31-37.

② 例如，"水田仍以六年起科，旱田以十年起科"；把官员能劝垦的地亩数量算入其考核成绩，"其府州县官，能劝谕百姓开垦地亩多者，准令议叙；督抚大吏能督率各属开垦地亩多者，亦准议叙。务使野无旷土，家给人足"。参见清实录（第七册）·世宗宪皇帝实录 [M]. 北京：中华书局，1985：964.

③ 杨安位. （民国）永顺县志 [M]. 长沙：湖南人民出版社，1995：237.

④ 曹树基. 中国人口史：第五卷（清时期）[M]. 上海：复旦大学出版社，2001：150.

⑤ （民国）湖北通志·卷四十三 赋役，宣统二年初刻本.

⑥ 周来贺. 同治桑植县志 [M]. 海口：海南出版社，2001：133.

致使扩张性垦殖。例如，施南府在 1754—1774 年间垦荒达 55390 亩①，利川从"土广人稀，荒山未辟，畅茂蕃殖，自尔丰饶"，变化为"流人糜至，穷岩邃谷，尽行耕垦"②，宜昌府在 1820 年时垦殖指数更是高达 63%③。

过度垦殖，不可避免地造成森林资源减少，野生动物资源萎缩，水土流失，水旱灾害频发等。例如，光绪《乾州厅志》记载："前此四山树木荫森，故烟岚雾瘴最甚，今则斫伐无存。"④ 光绪《长乐县志》记载古长乐县（现为五峰土家族自治县）在 1735 年设县之初可谓是"山深林密"，而在 19 世纪六七十年代就变成"山林尽开"了!⑤《黔江县志》记载：在道光年间黔江地区还有虎、豹、熊等大型肉食动物，不过数量较之以往却少了很多，而至光绪年间，多是一些体形较小的猛兽（像豺狼)⑥。光绪古丈坪厅志记载："四月二十二日辰时猛雨下降，山洪水讯，汹涌而至。将近未时，陆涨数丈……河旁碾屋宇一概淘洗而去。"⑦《高宗实录》记载：镇远等地"被水冲刷，难以垦复田亩共一千五百七亩有奇"⑧。同治《宜昌府志》记载："初垦时，土甚肥，年

① 陈钧，张元俊，方辉亚. 湖北农业开发史［M］. 北京：中国文史出版社，1992：124.
② 本书编委会.（同治）施南府志：卷之六　建置志［M］//中国方志丛书·华中地方. 台北：成文出版社，1976：262.
③ 朱圣钟. 鄂湘渝黔土家族地区历史经济地理研究［D］. 西安：陕西师范大学，2002.
④ 蒋琦溥，林书勋，蒋先达. 光绪乾州厅志［M］. 南京：江苏古籍出版社，2002：115.
⑤ 中国地方志集成编委. 中国地方志集成·湖北府县志辑成 2（第 54 册）［M］. 南京：江苏古籍出版社，2002：214.
⑥ 中国地方志集成编委. 中国地方志集成·重庆府县志辑成 1（第 22 册）［M］. 南京：江苏古籍出版社，2002：561.
⑦ 中国地方志集成编委. 中国地方志集成·湖南府县志辑成 3（第 70 册）［M］. 南京：江苏古籍出版社，2002：441 页.
⑧ 清实录·高宗纯皇帝实录（卷八二）［M］. 北京：中华书局，1985：9225.

久为鱼潦洗尽，遂成瘠壤，终岁所获无几。"①

　　生态环境的急剧变迁，从清朝中晚期经民国时期直到 21 世纪，虽说局部状况得到改善，但总体恶化的态势并没有得到有效遏制。现以湘西自治州为例，一是严重的水土流失态势没有得到遏制。在该区域中，尽管森林覆盖率在 70% 左右，但成熟林、近熟林少之又少，90% 以上都是幼龄林，森林生态功能不够完备，其水土保持能力非常低下。其中永顺县、龙山县、保靖县的水土流失面积分别达到 939.41 平方千米、863.21 平方千米、416.66 平方千米，占各自县域土地总面积的24.65%、27.57%、23.67%②。二是生物多样性一时难以恢复。覆盖龙山县全境及保靖县、永顺县部分地区的八大公山——白云山区域被列入《濒危野生动植物种国际贸易公约》附录的动物有 49 种、植物 34种；覆盖永顺县、古丈县部分地区的张家界——高望界区域被列入《濒危野生动植物种国际贸易公约》附录的动物有 36 种、植物 38 种。③三是自然灾害频率加快、成灾加重。有人统计了湘西自治州 1981—2010 年间共发生山洪地质灾害 125 次，其中以土家族为主的永顺县、龙山县、保靖县、古丈县共发生 77 次，而以苗族为主的花垣县、凤凰县、吉首市、泸溪县共发生 48 次④。另有人统计了湘西自治州 1957—2004 年间旱灾与水灾的发生情况，发现平均每 4 年各出现 1 次⑤，但北

---

①　中国地方志集成编委. 中国地方志集成·湖北府县志辑成 2（第 50 册）［M］. 南京：江苏古籍出版社，2002：172.

②　尹黎明，袁志忠，雷永康. 湘西自治州的水土流失及防治对策［J］. 中国水土保持，2012（01）：21 - 23.

③　湖南省生物多样性保护战略与行动计划（2013—2030 年）［EB/OL］. 湖南省环保厅门户网站，2015 - 07 - 15.

④　郑逢春，张丹丹，石燕清，朱国光，刘宝光. 湘西自治州山洪地质灾害降雨特征分析［J］. 安徽农业科学，2016（30）：172 - 175.

⑤　唐雪松. 湘西重大水旱灾害预测初探［A］. 中国水利学会. 中国水利学会 2005 学术年会论文集——水旱灾害风险管理［C］. 北京：中国水利水电出版社，2005：7.

部永顺县却是旱灾年年有，两年一大旱，水灾也是三年两遇①。

改造自然，必须有其限度，否则难以实现社会运行方式的生态化。面对自身生存发展的生态困境，土家族人不得不对生存支持系统与环境支持系统及其相互关系做出最现实的反思。根据田野调查，发现土家族人在森林、草地、土地、水资源、矿产资源等方面已有保护意识。在森林保护意识方面，所到县市区的田间路边都可以看到封山育林的标语，许多村庄都有《封山育林公约》；与封山育林并行的便是植树造林、防火护林、退耕还林以及适度砍伐。在草地保护意识方面，相当一部分农民逐渐意识到要因地制宜进行农作物种植，对于畜牧养殖也是严守基本尺度。在土地资源保护意识方面，农民都是按农时进行耕作，退耕还林、退耕还草的行为一直持续；减少土地的污染，特别是减少企业对土地污染，成为各级政府与普通百姓的共识。在水资源保护意识方面，保护水源、节约用水、控制排污、减少污染现在也成为各级政府与普通百姓的共识。在生物多样性保护意识方面，开始意识到物种存续的必要性，对于已经影响农作物生长的野猪、野鸡等也没有采取围猎，市场上较少有野味贩卖。在垃圾治理方面，湘西自治州几年前就已经开展城乡同建同治工作，重庆各区县、贵州铜仁市近两年也开展了农村生活垃圾治理工作，恩施自治州也就垃圾治理问题召开政协两周座谈会，建言献策。在人口问题上，更是相当配合计划生育工作，甚至把计划生育作为新村规民约的重要内容。

二、在优化与退化之间：土家族生态伦理文化的当下形态

通过对"消费与环境""治理与环境""生存与环境""生活习惯

---

① 永顺县志编纂委员会．永顺县志：历代自然灾害年表［Z］．长沙：湖南人民出版社，1995.

与环境""居住与环境"等关系的考量，考察被调查对象的生态伦理观，从而全面研究当下土家族民众的生态伦理文化。经田野调查，课题组发现：

第一，就消费与环境来说，土家族民众由本能性需求不断趋向符号化需求。人的需求的满足并不是按马斯洛所讲的从低到高纯线性发展过程，而是需求的各个方面有机交融在一起。人的物质需求满足的过程也是不断追求精神需求的过程。更何况，现代人的需求在很大程度上是被人为建构起来的，即从以往的"必须"逐渐演化成为今日的"想要"。这就导致现代人在满足"我"作为人本身的最为基本的需求之外，还生发出众多的"我想要"，其中包括无数的虚假需求。"我想要的"东西不是必需品，但它是必须品。由"必需"到"必须"，此时物品的意义已经被符号化了，消费者也就在自觉或不自觉中为消费主义所绑架。在本次调查中，"'婚丧嫁娶'要多安排好酒好菜才算尽主家心意"的标准差为1.177；"有钱也不吃'山珍'"的标准差为1.176。说明被试群体的选择趋于分散，也体现了本能性需求与符号化需求的冲突。对于"吃山珍"这个象征性、符号化的消费行为，83.32%的人不认同"有钱就可以吃穿无度"的伦理文化，但也有一部分人认为这种消费行为属于个人选择，只要经济条件许可就可以。虽说量上不能反映出被试群体符号化需求的强烈性，但从土家族人消费特征来看，就可以看到由本能性需求趋向符号化需求变化。特别是关乎人的面子时，象征性、符号化的消费行为更易发生。面子问题就是身份问题。"山珍"往往被视为稀有的、绿色的、高档的食品，如同人们住高档小区豪华别墅、穿名牌服饰戴珠宝首饰一样，都是身份的体现，都是很有面子的事。最容易在族内争面子的事就是婚丧嫁娶讲排场。50.99%的被试群体赞同"'婚丧嫁娶'要多安排好酒好菜才算尽主家心意"，足以说明被试群体认为因人情面子而产生的铺张浪费与破坏环境的行为在某种程度上是可以接受的。

　　第二，就环境保护来说，自发与自觉并存。保护环境既是道德要求，也是法律职责；人们在拥有享用法定环境权利的同时，也必须认真履行法定义务。尽管环境保护与治理的主体是多元的，且以政府为主导，但公民参与必不可少，而且是重要的主体。于 2015 年 7 月 2 日由环境保护部部务会议通过、同年 9 月 1 日正式生效的《环境保护公众参与办法》，对包括公民在内的公众参与环境保护与治理的公共事务活动进行了法制设计。从调查显示来看，被试群体在"城乡环境卫生、生态保护工作，政府管得越多越好"这个观点上分歧较大，部分人认为政府要多管环境保护工作，而另一部分被试者没有自己的观点和态度，因此，持有这种观点的人在环境保护方面要么是无意识的，要么是自发的。当然也有相当一部分人认为环境保护工作应由政府、社会（组织）与公民个体等多元参与。当部分人意识到只要涉及环保问题，人们都有权"参与制定政策法规、实施行政许可或者行政处罚、监督违法行为、开展宣传教育等活动"①，这对于土家族地区甚至全国来说，是一个很大的改变，这也说明这部分人已经认识到环境污染、生态破坏威胁到人们生态环保权利的实现；认识到人口、资源、环境之间的内在联系。又如对退耕还林、退牧还草、退湖还田政策，虽说该政策旨在保护生态环境，但有 37.85% 的被试群体对国家实施该政策却持质疑或不乐观态度。

　　第三，就生存与环境来说，可谓是对峙与复归并存。人与自然和谐相处的"天人合一"思想是伴随人类与大自然的互动形成和发展起来的，是人类在长期的生产生活实践中萌生出来的智慧。因为，一方面生态环境为人类的生存发展提供了必要的条件和资源；另一方面，人类在不触及自然、不利用自然、不改造自然的前提下获得生存和发展的可能

---

① 环境保护公众参与办法［EB/OL］. 国家环境保护总局门户网站，2015－07－02.

性几乎为零。"全部人类历史的第一个前提无疑是有生命的个人的存在"①，因此，"物质生产"（即"物质生活本身的生产"）成为人类"第一个历史活动"；而"物质生产"对自然有绝对的依赖性。人与自然是息息相关的一体。根据对"山清水秀，方能人杰地灵"这一观点的数据分析，被试群体的观点告诉人们，他们基本认同人类的生存发展必须依赖特定的生态环境的观点，基本上意识到自然环境对于人的基本生产和生活、对于人的身心健康有着重要影响。当然也有相当一部分人未能充分认识到只有良好的生态环境才可以促进人的发展。既然人与自然是息息相关的一体，那么，利用自然、改造自然就得尊重自然自身的发展规律与法则。而本次调查显示，被试群体在"人定胜天"这个观点上分歧较大。一方面，我们可以理解为，人类能够为了自身的生存和发展，不断适应恶劣的自然环境，并有效地利用自然、改造自然，建设适宜的生存家园，在这一点上，我们可以说人类战胜了自然界的恶劣条件。另一方面，我们也可以理解为，人类为了自身的进一步发展，过度地改造自然，妄图征服自然，改变自然界的运行规律，其恶果是显而易见的。本来退耕还林、退牧还草、退湖还田旨在保护生态环境，但对粮食短缺的担忧，又导致部分被试者对这一政策在一定程度上表示不理解或质疑。人有改造自然以满足自身生存需求的权利，但这种权利又必须是建立在人类生存与生态环境良性互动基础上的。不同的改造方式与改造程度，将导致不同的生态后果。

第四，就生活与环境来说，民众有着有限的公共意识。人的生活价值取向、生活观念和生活实践共同构成了生活方式，而生态观是其中一个重要组成部分。进入现代以来，人的生活方式伴随现代化的推进，已经发生了革命性变化，即满足人自身生活需要的全部活动形式和行为特

---

① 马克思，恩格斯. 马克思恩格斯文集：第一卷［M］. 北京：人民出版社，2009：519.

征以一种非常深刻的方式展开着重构。这种革命性变化的后果之一，就是越来越突出环境公共物品非竞争性和非排他性的丧失，使得具有公共物品特性的生态环境具有了市场的竞争性和排他性特征。如今，公共生态资源被人为据为己有的现象日益增多，进而导致生态环境公共性被弱化的问题也不断增多，出现生态环境问题的风险进一步增大。数据分析表明，被试群体一致赞同"生活垃圾对环境污染再小，都要倒入垃圾围"的观点，体现出了被试群体在生活习惯上反对环境污染的做法。但是，被试群体的环保责任意识是有条件的。虽然整体上大家认为在环保这个问题上，环保志愿者值得敬佩与学习，环保行为应从身边做起、从小事做起，不过部分被试者却表示不赞同"单位（社区）每天出一名环保志愿者上街捡垃圾"。这或许是鉴于受到面子观的影响而不太能够接受"上街捡垃圾"的行为，又或许是其他缘由。由此可看出被试群体的环保责任意识是有条件的，而且也是有限的。在获取（水）资源方式便捷的情况下是否一定要遵循节约原则，不同的被试有着不一样的环保责任意识。一部分民众认为比起以往需要用肩挑背驮方式到水井、溪河取水因辛劳而主张节约，现在则因为取水便捷而可以不用再节省；一部分民众认为即使是水资源再充足、获取再便捷也应该节约用水。

第五，就居住与环境来说，民众有复归"自然全美"的意识。克里斯蒂安·诺伯格－舒尔兹（Christian Norberg－Schulz）指出："居住"一词不仅仅是人们头上的屋顶和所需要的面积，它意味着人与给定环境之间建立一种有意义的关系。人想获得一个"存在的立足点"，亦即"住所"，一方面必须具有"方位感"，即所谓"定向"，以确定自身的存在、自身的位置。另一方面，人还必须"认同"于环境，即人赋予环境以意义、人与环境认同、对环境有"归属感"，归属于所居的环境。① 土家族人世居以武陵东脉和清江流域为中心的山区，在居住方面本来是"顺其自然"的，即木质吊脚楼依山而建，且四周植被簇拥，但是随着族人生计方式的变化以及世居地区的生态系统的变化，土家族人的住房由依山而建到平地而起、由木质吊脚楼到钢筋砖瓦房、由四周植被簇拥到水泥硬化周边。这种变化反映出了土家族民众对居住与环境之间关系在认识与态度上的变化。数据分析表明，被试群体对现有居住地有一定的生态诉求，有一种由"自然丑陋"向"自然全美"复归的意蕴，即诉求建立一种居住与生态非切割的整全的居住环境。当然，复归"自然全美"是顺应自然，而不是刻意选择的依照山水画范式的对自然生态的挤占、豪夺。

三、重建方向与内容：土家族生态伦理文化的现代性塑造

人们可以把伦理文化历史变迁中所呈现出来的优化与退化现象看作发展中的正常现象，并相信这种现象最后都会有尘埃落定的时候。但这种等待与观望的态度往往是于事无补的。面对种种现象，社会所需要的是实现伦理文化的重铸。因此，塑造符合时代需要的生态伦理文化，是当代土家族人本土化践行生态文明建设②的基本任务。这可以从以下两个方面进行展开。

（一）剔除明显悖逆现代需要的内容

毫无疑问，无论是精华还是糟粕，土家族传统生态伦理文化中相当多的内容仍旧活在当代土家族人的生态实践中。剔除明显悖逆现代需要

---

① 克里斯蒂安·诺伯格－舒尔茨. 居住的概念——走向图形建筑 [M]. 黄士钧，译. 北京：中国建筑工业出版社，2012：11.

② 周忠华. 本土化践行：提升生态文明建设效度的根本路径 [J]. 中国地质大学学报（社会科学版），2014（01）：71－74.

的内容，是塑造符合时代需要的生态伦理文化的重要举措之一。

一是要通过物质需求的生态化调控，使人的消费由符号化需求向本能性需求回归。只有人的物质需求都符合生态文明建设的基本要求，人的生产生活才会是生态化的生产生活，生态文明才可能建设起来，生态环境才可能美好起来。当本能性需求发展为符号化需求，那意味着物质需求的无限膨胀，无限膨胀的物质需求势必促成无节制的生产，无节制的生产定会超越生态的限度。努力培养民众物质需求的生态化意识，不断强化民众物质需求的生态化自律，加强建设物质需求的生态化制度，必将引导民众消费观的生态化走向，如此，从根本上消除铺张浪费与破坏环境的行为。

二是要通过生态利益的关联，使环境保护由自发向自觉转变。环境系统对人类的生产和生活会产生物质性与精神性的影响或效果，社会民众若只觉察到"环境—社会"系统内把握自然界的状况和问题，以及处理问题的重要性，而未觉察到认识与改造自然的活动是否遵循历史必然性和规律性，最终只是实现了部分目的，这说明民众的环境保护尚处于自发状态。当生态利益自觉——民众认识与改造自然的活动遵循历史必然性和规律性成为普遍性的社会行为时，环境保护和环境修复都会形成良好的社会机制。

三是以生态文明为中心，调整自身的环境态度与行为。以功利价值为取向的人类中心主义是造成现代生态危机的思想根源，而否定人的主体性的生态中心主义却持"无为而治"的消极态度。社会民众应持无中心的人类中心主义态度来对待自然，将其与创新、协调、绿色、开放、共享的发展理念和生态文明的话语相融合，不断调整生产方式与生活方式，避免生态环境和经济社会发展的双重边缘化。

四是以为我关系为中心，向"自然全美"复归。人类与其对象之间总是存在着一种为我关系，这种"为我而存在的关系"就是人类主动建构的实践关系、认识关系、价值关系与审美关系。但"为我"不是"任我",所有活动都得遵循历史必然性和规律性来展开。否则,改造自然的活动就会演化为破坏自然的活动。遵循历史必然性和规律性,内在地包含遵循自然的必然性和规律性,甚至从一定程度上讲,遵循历史必然性和规律性就是遵循自然的必然性和规律性。遵循自然的必然性和规律性,必然是肯定自然全美。肯定自然全美不是坚持自然中心主义以反对人本主义,而是强调遵循自然的必然性和规律性。当民众复归自然全美,重新认可自然全美,他们对待自然的态度和行为都会做出相应的调整。

五是以命运共同体为中心,树立无限的公共意识。人是自然存在物,又是社会存在物。人与自然命运共同体不是以人为核心的,而是以其价值关系为核心。因此共同体不是形式上的同一,应是实质性同一。如果把共同体仅理解为形式上的同一,那定会陷入人既依赖自然又否定自然的泥潭。只有把人与自然命运共同体理解为实质性同一,才能使人与自然间成为真正的利益关系体、道德关系体和文化关系体。又由于共同体包括了人与自然、人与人之间的种种关系,树立无限的公共意识将是构建人与自然命运共同体的基本路径。特别是在个体价值凸显的时代,社会民众缺乏公共生活的实践,进而,在公共生活中公民身份更多地表现为市民身份而不是公共身份,如此,他们在公共利益面前毫无主人感觉。只有社会民众树立了无限的公共意识,人与自然命运共同体才能得以真正建构起来。

(二)赋予传统精华以新的时代内涵

我们不可以做历史虚无主义者,而任意割断传统伦理文化。拥有文化自信,必须打通传统伦理文化与现代伦理文化,赋予传统精华以新的时代内涵,激活其生命力。就土家族生态伦理文化而言,可以从以下几个方面展开。

第一,由侧重农林业保护向全生态保护发展。限于生产方式和生活方式的时代性，土家族人以往对生态环境的破坏多集中于农林领域，如对耕地的破坏，对野生动物过度捕杀，对植被过度铲除或树木过度砍伐，又囿固于思维方式与认知方式的偏差，生态环境保护也就侧重于农林业，是"头痛医头，脚痛医脚"的做法，全然缺乏整体性认识与实践。尽管"人与天地万物一体"的生态意识早已存在于土家人的头脑中，但"全环境"的观念一直没有真正形成。在建设生态文明的今天，必须使侧重保护农林业向保护全生态超拔，使民众树立起一种"全生态意识"来。

第二，由传统民间规约向现代规约转变。关于自然生态环境的保护，土家族人在漫长的历史实践中形成了自己的民间规约，如祖训、草标禁约、禁山誓约、毁林罚戏、文明公约等。这些传统民间规约不是私人之间的契约，也不是国家法律，是一种自治规范，有些内容是劝诫性的，有些内容是惩戒性的，不论是何种文本内容，都对保护自然生态与资源起到了积极作用。但传统民间规约又具有历史和文化的双重局限性，即传统民间规约中包含着部分迷信思想或是所提倡的生活方式与生产方式与可持续发展、绿色发展的精神理念相悖，因此，在取其精华的基础上使其符合现代法制精神，从一般性的乡规民约发展成为村民自治章程的重要内容，成为生态环境治理不可或缺的规章制度。

第三，继续推进并改良"休耕制度"。土家族一直存在着"休耕制度"，不论是轮作制还是休闲制都流传至今。但土家族的"休耕制度"多是自然休耕，没有根据本地的资源禀赋和生态环境特点，特别是没有根据土地生产率、耕地等级和后继具体用途等资源要素来确定本地的休耕制度。在科学技术如此发达的今天，民众有必要且能够对土地生产率、耕地等级和后继具体用途做出测算或评估，进而依据粮食安全和生态文明建设要求，明确休耕的范围与规模，调整农业种植结构，提高耕地质量，提升耕地地力。

第四，地方性知识与科学知识相切合。任何一个民族都有自己独特的生态智慧与生存技能。这些独特的生态智慧与生存技能是该民族在特定的生境下经过长期的生态实践所形成的融地域性和民族性于一体的本土知识，对该民族的生存构成重要的作用与影响。但社会是发展的，当地方性知识遭遇了现代化、遭遇了发展，必须积极切合科学知识，与现代科学知识相适应，否则就会被贴上"落后"的标签而使自身处于边缘化状态或者是失语状态。不过，社会发展又不是同质化的发展，它又必须结合地方性生态知识和民族化的生态体系，否则就会造成文化格局失衡，进而影响该民族的生存与发展。地方性知识与科学知识相适应，既能保护生态环境又能发展民族经济。

参考文献

［1］章太炎．章太炎全集［M］．上海：上海人民出版社，1985．

［2］贺麟．道德进化问题［J］．清华大学学报（自然科学版），1934（1）．

［3］梁启超．饮冰室合集［M］．上海：中华书局有限公司，1936．

［4］严复．严复集［M］．北京：中华书局，1986．

［5］马克思，恩格斯．马克思恩格斯全集：第二十卷［M］．北京：人民出版社，1971．

［6］马克思，恩格斯．马克思恩格斯选集［M］．北京：人民出版社，1995．

［7］李资源．论少数民族优秀传统文化与社会主义精神文明建设［J］．贵州民族研究，1997（04）．

［8］李资源．论少数民族传统道德与艰苦创业教育［J］．道德与文明，2004（03）．

［9］段超．民族传统文化与社会主义精神文明建设［J］．中央民族大学学报，1995（06）．

［10］彭福荣．重庆土家族土司国家认同原因与政治归附［J］．湖北民族学院学报（哲学社会科学版），2012（04）．

［11］田光辉，田敏．湘西永顺土司的社会治理与国家认同［J］．

学术界，2016（01）．

[12] 廖小波，李禹阶．关于明代西南土家族国家认同的再认知[J]．重庆师范大学学报（哲学社会科学版），2014（04）．

[13] 谭晓静．族籍变更与民族身份认同——基于潘家湾土家族乡的人类学考察[J]．中南民族大学学报（人文社会科学版），2012（04）．

[14] 殷红敏．民族村落社区视角的贵州土家族政治认同研究[J]．贵州民族研究，2013（06）．

[15] 彭继红，向汉庆．从老司城"德政碑"看湘西土司执政道德的引领作用[J]．伦理学研究，2014（05）．

[16] 赵秀丽．明清时期武陵地区土司与下属交往策略：以容美田氏为例[J]．西南民族大学学报（人文社会科学版），2015（03）．

[17] 莫代山．明清时期土家族土司争袭研究[J]．贵州社会科学，2009（06）．

[18] 成臻铭．武陵山片区明代金石碑刻所见土家族土司的"中华情结"[J]．青海民族研究，2013（01）．

[19] 曾超．土家族传统文化与社会主义和谐社会构建[J]．中南民族大学学报（人文社会科学版），2008（02）．

[20] 陈心林．南部方言土家族族群性研究——以武水流域一个土家族社区为例[D]．北京：中央民族大学，2006．

[21] 陈沛照，向琼．互动中的认同：一个多民族社区的民族关系研究[J]．贵州民族研究，2015（02）．

[22] 唐胡浩．土家族民族认同发展趋势及其功能略论[J]．湖北民族学院学报（哲学社会科学版），2009（01）．

[23] 马戎．中国各民族之间的族际通婚[C]//马戎，周星．中华民族凝聚力形成与发展．北京：北京大学出版社，1999．

[24] 凌纯声，芮逸夫．湘西苗族调查报告[M]．北京：民族出

版社，2003．

[25] 石启贵．湘西苗族实地调查报告 [M]．长沙：湖南人民出版社，1986．

[26] 中国科学院民族研究所湖南少数民族社会历史调查组．土家族简史简志合编 [M]．北京：中国科学院民族研究所湖南少数民族社会历史调查组，1963：31－38．

[27] 段超．元至清初汉族与土家族文化互动探析 [J]．民族研究，2004（06）．

[28] 董珞．湘西北各民族文化互动试探 [J]．民族研究，2001（05）．

[29] 董珞．巴风土韵——土家文化源流解析 [M]．武汉：武汉大学出版社，1999．

[30] 李然．当代湘西土家族苗族文化互动与族际关系研究 [D]．北京：中央民族大学，2009．

[31] 李然，王真慧．当代湘西苗族土家族互化现象探析 [J]．中央民族大学学报（哲学社会科学版），2012（04）．

[32] 余浩然．向外而生：土家族习惯法的当代变迁和转型——基于建始县白云村的调查 [J]．中国农村研究，2018（02）．

[33] 向美蓉．湘西土家族婚姻习惯法的当代变迁 [D]．北京：中央民族大学，2010．

[34] 柏贵喜．当代土家族婚姻的变迁 [J]．贵州民族研究，2005（02）．

[35] 尹旦萍．土家族夫妻权力的变化及启示——以埃山村为例 [J]．妇女研究论丛，2010（01）．

[36] 瞿州莲．一个家族的时空域——对瞿氏宗族的个例分析 [M]．贵阳：贵州民族出版社，2002．

[37] 周兴茂．土家族的传统伦理道德与现代转型 [M]．北京：

中央民族大学出版社, 1999.

[38] 田荆贵. 中国土家族习俗 [M]. 北京: 中国文史出版社, 1991.

[39] 胡炳章. 土家族文化精神 [M]. 北京: 民族出版社, 1997.

[40] 彭南均. 源远流长正本清源 [A]. 湘西土家族苗族自治州民族事务委员会. 土家族历史讨论会论文集 [C]. 1983.

[41] 朱圣钟. 五代至清末土家族地区的民族分布与变迁 [C] // 西南史地 (第一辑). 成都: 巴蜀书社, 2009.

[42] 汪明涵. 湘西土家概况 [A]. 中央民族学院研究部. 中国民族问题研究集刊 (第四辑) [C]. 北京: 中央民族学院研究部 (内部刊物), 1955.

[43] 彭继宽. 湖南土家族社会历史调查资料精选 [C]. 长沙: 岳麓书社, 2002.

[44] 凌宇. 沈从文散文选 [M]. 北京: 人民文学出版社, 1982.

[45] 费孝通. 中华民族多元一体格局 [M]. 北京: 中央民族学院出版社, 1989.

[46] 梁启超. 论中国学术思想变迁之大势 [M]. 上海: 上海古籍出版社, 2001.

[47] (成化十九年) 跋杨辉挽诗碑 [M] //彭福荣, 李良品, 傅小彪. 乌江流域民族地区历代碑刻选辑. 重庆: 重庆出版社, 2007.

[48] (隆庆二年) 彭翼南墓志铭 [M] //向盛福. 土司王朝. 呼和浩特: 内蒙古人民出版社, 2009.

[49] 姚军毅. 论进步观念 [M]. 北京: 中国社会科学出版社, 2000.

[50] 蒋琦溥, 林书勋, 蒋先达. 光绪乾州厅志 [M]. 南京: 江苏古籍出版社, 2002.

[51] 贵州省民族事务委员会. 贵州"六山六水"民族调查资料选编 (土家族卷) [M]. 贵阳: 贵州民族出版社, 2008.

[52] 江平. 江平文集 [M]. 北京：中国法制出版社，2000.

[53] 费孝通. 乡土中国 [M]. 北京：生活·读书·新知三联书店，1985.

[54] 周忠华. 民族关系文化差异化调适研究 [M]. 成都：西南交通大学出版社，2012.

[55] 国家民族事务委员会，中共中央文献研究室. 民族工作文献选编（二○○三—二○○九年）[M]. 北京：中央文献出版社，2010.

[56] 中共中央统战部. 民族问题文献汇编（一九二一·七—一九四九·九）[M]. 北京：中共中央党校出版社，1991.

[57] 国务院人口普查办公室. 中国1982年人口普查资料 [M]. 北京：中国统计出版社，1985.

[58] 湖北省人口普查办公室. 湖北省第三次人口普查资料汇编 [M]. 北京：中国统计出版社，1984.

[59] 恩格斯. 家庭、私有制和国家的起源 [M]. 北京：人民出版社，1972.

[60] 司马迁. 史记：卷一二九·货殖列传 [M]. 北京：中华书局，1982.

[61] 班固. 汉书：卷二八下·地理志 [M]. 北京：中华书局，1962.

[62] 清实录·世宗宪皇帝实录 [M]. 北京：中华书局，1985.

[63] 杨安位. 民国永顺县志 [M]. 长沙：湖南人民出版社，1995.

[64] 曹树基. 中国人口史：第五卷（清时期）[M]. 上海：复旦大学出版社，2001.

[65] 周来贺. 同治桑植县志 [M]. 海口：海南出版社，2001.

后　记

作为一名土家族人，我深爱自己的民族和家乡。走上学术道路，从起初的"蹒跚学步"到如今的"独立行走"，一直从事与土家族伦理文化（史）相关的研究，其间主持过教育部人文社科项目"民族关系文化差异化调适研究"、湖南省社科基金项目"土家族伦理文化转型与重构研究"、国家社科基金项目"优化与退化：土家族伦理文化现代变迁研究"，撰写过10余篇论文，尽管不系统、不成熟，但为之执着。本书便是在同题国家社科基金项目结题成果的基础上修改而成的。

2013年8月，应导师易小明教授邀请，一同参与论证宁夏大学李伟教授主持申报的国家社科重大招标项目"我国多民族道德生活史系列研究"。在论证过程中，受到诸多文献材料的启发，其中易小明、胡炳章、郑英杰三位教授合著的《民族伦理文化研究》所提到的"土家族传统伦理文化的恒常与变易"对我启发最大。受"恒常与变易"的启发，我便从优化、退化的角度来思考土家族伦理文化的现代变迁。在申报2014年度国家社科基金项目过程中，从选题到设计再到观点提炼，吉首大学哲学研究所的同人一直参与讨论。这样的学术环境，不仅成就了我，也成就了大家——除近期新进教师外，每人都主持过国家社科基金项目。

课题立项后，课题组成员细化研究方案，特别是细化田野调查方案。为保证被抽取的样本能较好地再现总体的结构特征，既要关注到土家族毕兹卡、孟兹、廪卡、南客4个支系，又要关注到湘、鄂、渝、黔4个省市，经多次讨论，最终抽取了湖南省龙山县、永顺县、保靖县、古丈县、泸溪县、吉首市、慈利县、永定区、石门县、沅陵县，湖北省利川市、来凤县、宣恩县、长阳县、五峰县，重庆市秀山县、石柱县、酉阳县、彭水县，贵州省碧江区、印江县、沿河县、江口县共23个县市区作为调查地。为确保调查问卷填写有效，课题组对"土家族伦理文化"概念进行了操作，将其细化为土家族生态伦理文化、土家族族际伦理文化、土家族政治伦理文化、土家族经济伦理文化、土家族习惯法伦理文化、土家族家庭婚姻伦理文化6个方面的内容，并在吉首大学、铜仁学院招募、培训60名土家族大学生作为调查员利用节假日在自己的家乡进行深入调查与访谈。

4年的调查研究印证了我们的观点：任何一个民族的伦理道德精神都具有时代性。随着社会的生产方式与生活方式的发展，一个民族的伦理文化也存在相应的变迁，这是符合社会进化规律性的。"变"是绝对的，"不变"是相对的。但一个民族的伦理文化的现代变迁，并非全是革新、优化，也包括某种脱化与退化。

书稿正是运用"优化—退化"模式从生态伦理文化、族际伦理文化、政治伦理文化、经济伦理文化、习惯法伦理文化、家庭婚姻伦理文化6个方面对土家族伦理文化变迁进程中的优化与退化现象进行了系统分析，并对退化方面的现代性塑造进行了探讨。这种分析有利于对土家族伦理文化形成客观的整体性评价以及以社会主义核心价值观筹划土家族伦理文化建设。

书稿作为项目最终成果曾与项目其他成果一同呈交结项专家审查。专家在给予充分肯定的同时，也指出书稿存在的不足之处，对结构和一些具体表述提出修改建议。我们遵照建议尽可能做了修订。对于匿名审读的结项鉴定专家，满怀感激之忱。

感谢湖南师范大学易小明教授、上海师范大学周中之教授、湖北民族大学刘伦文教授、吉首大学吴晓教授在课题研究上的引路。

感谢铜仁学院蒋欢宜博士、吉首大学侯有德博士、吉首大学滕林峰副教授、湖南文理学院黄芳老师这几年一路走来的合作。

书稿记录了我对土家族伦理文化研究的思考和浅见，也记录了我成长的历程。书稿还有许多需要完善的地方，对于书中存在的问题恳请方家不吝赐教。

周忠华

2020 年初春于潕溪书院